KB234858

시아버지가
며느리에게
알려준
착한 요리

시아버지가 며느리에게 일러준 착한 요리

글 조용옥

BOOK PLAZA

이 책은 모든 가정에서 평소에 늘 해먹는 한식 조리법에 대해 우리 집 며느리들에게 일러준 이야기를 엮은 책이다.

평소 먹거리에 대한 관심이 남달리 많았던 나는 두 신세대 며느리를 보고 나서, 음식을 만드는 것에 뒤늦게 관심을 가지게 되었다. 며느리들에게 기본적인 음식 몇 가지라도 똑 부러지게 일러두면 가족들이 건강한 식생활을 대를 이어가며 할 수 있으리라는 속마음 때문이었다.

내가 만드는 음식들이 비록 평범하게 보이지만 막상 제대로 하려면 쉽게 넘어갈 수 있는 것이 별로 없다. 오히려 그런 음식일수록 제대로 된 맛을 내는 것은 전문요리에 비하여 여간 까다로운 것이 아니었다. 그런데 어렵고 까다로운 것들이 더 호기심을 자극하였고, 그것을 해결할 때면 감동에 휩싸이기도 했다. 어느 순간부터는 내가 느낀 그 감동을 다른 이에게도 전해주고 싶은 충동이 일었다. 아마도 내게는 요리에 대한 본능이 진작부터 있었는데 그 본능이 뒤늦게 발동했는지 모르겠다.

조리과정에서 실패의 경험이 남들보다 많았기에 누가 해도 어려움 없이 음식 맛을 한 번에 해낼 수 있는 조리법을 확실하게 보여주고 싶었다. 이 책의 각 요리는 '조리법'과 '시아버지의 잔소리'로 구성되어 있다. ① '조리법'에서는 누가 따라하더라도 감동할 정도의 맛을 낼 수 있도록 조리 방법 자체를 상세하게 정리를 하였고, ② '시아버지의 잔소리'에서는 이해 를 돕기 위한 추가적 설명을 주로 하였다. 조리 과정 중에서 어떤 것에 가 장 주안점을 두어야한다든가, 재료의 선택에서 주부가 알아야할 것들이 무엇인지를 언급하였다. 바로 이 부분에서 며느리들이 어떻게 하면 시행 착오를 겪지 않고 한 번에 요리할 수 있을까 생각하며, 며느리의 눈높이 에 맞추어 사소한 잔소리까지 다 늘어놓았다. '시아버지의 잔소리'가 이 책의 백미이다.

물론 똑같은 조리법을 놓고도 음식을 만드는 사람에 따라 맛의 차이가 나는 게 음식이라서, 조리과정을 안다하여 무조건 음식을 제대로 해낼 수 있을 것이라는 부푼 기대는 접는 것이 좋다. 음식을 하다보면 실망할 때 가 있고 2% 부족한 경우도 흔히 경험한다. 다만 그 원인이 음식을 조리하는 방법에 있는지, 음식에 들어가는 재료에 있는지를 바로 찾아낼 정도에 이르면 자신감을 얻게 된다. 바로 그런 자신감을 가질 수 있도록 하는데 이 책이 큰 도움을 주게 될 것이라 확신한다.

일각에서는 이 책에 닭강정, 구절판, 버섯전골처럼 전문요리라고 딱히 내 세울만한 것이 없고, 요리과정을 찍은 사진이 없다는 점을 들어 이 책을 폄하할 수 있다. 그러나 실속 없이 현란한 사진으로 뒤덮은 화보집보다는 세월이 지나도 소중하게 늘 펼쳐볼 수 있는 착한요리책을 쓰고 싶었기에, 출판사와 숙고한 끝에 사진을 수록하지 않게 된 것이다. 그리고 이 책에 거창한 요리가 없는 이유는 김치, 된장찌개, 콩나물볶음, 오이지 같이 보통의 가정에서 늘 하는 음식에 우선을 두었기 때문이다. 특히 이 책에서 장 담는 방법을 다룬 것은 장을 담는 것이 그리 어렵지 않다는 것을 실제로 보여주고 싶었고, 간장, 된장, 고추장의 맛에서 느낀 감동을 독자들과 공유하고 싶었기 때문이다.

음식문화에 대한 저자의 생각과 맛의 기억을 살리고자하는 저자의 진정성을 독자가 일부만이라도 이해하면, 저자가 왜 원재료의 맛을 그대로 살리려는 전통적인 조리법에 매달리고 있는지를 공감하게 될 것이다. 나아가 이 책이 전하는 메시지를 폭넓게 공유하게 될 것이다.

여기에 실린 기록들이 여러분 가족의 건강증진은 물론, 국민의 식생활개선과 우리나라 음식문화의 발전에 조금이나마 도움이 되기를 바란다. 더 나아가 한국음식을 세계에 알리는데 이 책이 유용하게 쓰여 졌으면 한다.

출판사 대표가 직접 책 속에 추천사를 쓰는 일은 이례적인 일이다. 그러나 이 책을 기획, 출판하게 된 연유 중 하나가 나의 개인적 경험에 있기에 직접 서평을 쓰기로 하였다.

조용옥 회계사님을 처음 뵌 것은 3년 전의 일이다. 회계사님은 공인회계사 시험과 행정고시를 모두 합격한 실력파로, 당시 내가 운영하던 회사의 세금 납부 문제로 어려움을 겪던 차에, 세법에 정통한 분이라며 지인의 소개로 알게 된 분이었다. 세법에 대한 회계사님의 정치한 논리성과 해박한 지식은 혀를 내두르게 한다.

회계사님께 의뢰했던 2건의 국세환급 절차에서 모두 좋은 결과를 얻은 것이 인연이 되어, 이제는 함께 요리책까지 내게 되었다. 그런데 지난 3년간 거짓말을 조금 보태면 회계사님께 들은 세법 이야기보다 요리 이야기가 더 많았다. 그만큼 회계사님의 요리에 대한 열정은 대단하였다. 일흔에 가까운 회계사님께서 이 책에 수록된 모든 요리를 직접 수차례 반복하여 만들면서, 맛의 비밀을 끝까지 찾아내고 마는 그 열정에 경의를

나 또한 오래 전부터 건강식이나 웰빙 식단에 관심이 많았던 어머님의 영향으로 한식이 '궁극의 건강 음식'이라는 점에 공감하고 있었다. 한식 고유의 맛을 살리고자 하는 회계사님의 열정은 조미료나 설탕 대신 직접 만든 맛간장으로 단맛과 담백한 맛을 내려는 노력으로도 표출되었다. 그래서 나는 지난 3년간 이 책의 출간 이전부터 때때로 회계사님의 레서피를 받아 직접 음식을 해본 바 있다.

그 중에서도 특히 회계사님의 레서피대로 담근 된장 맛은 잊을 수 없다. 수십년간 쓴쓰레한 된장 맛 때문에 '어머님은 된장찌개 하나 제대로 못 끓이시나?'하는 불만이 있었는데, 이제는 2년째 맛있는 된장찌개를 먹고 있다. 맛 뿐만 아니라, 된장을 담글 때 들어가는 소금의 양을 정확히 계량하고 검증해서 적절한 소금의 양을 제공해주셨기 때문에, 그대로만 담그면 소금섭취량도 줄일 수 있고, 같은 양의 찌개에 많은 된장을 풀 수 있어 맛도 좋아질 수 있었다.

또, 이 책의 '시아버지의 잔소리' 부분에는 세법을 다루던 회계사님의 세밀함과 꼼꼼함이 여실히 묻어난다. 그 중 하나만 제대로 소화하여도 다른 요리에 응용할 만한 것들이 있다. 왜 센불에 볶아야 하는지, 왜 처음부터 끓이면 안 되고 볶다가 끓여야 하는지, 절인 야채를 어느 야채는 물에 헹구고 어느 야채는 헹구지 말아야하는지 각 요리의 포인트를 다 달아놓았기 때문이다. 특히 이 책에는 된장, 김치, 절임, 무침을 비롯한 각종 발효음식의 레서피를 비중 있게 소개하고 있는데, 이는 세계적으로 인정받는 한국의 발효음식을 제대로 먹을 수 있는 기회를 제공하게 될 것이다.

다른 요리책을 볼 때면 화려한 사진은 많지만, 그대로 따라 하려 해도 명확하고 상세하게 쓰여 있지 않아서 결정적인 순간에서 애매해 질 때가 많다. 또 쓰여진 그대로 따라 해도 제 맛을 낼 수 없는 경우가 흔하다. 가령 소금에 절인 야채를 물로 헹궈서는 맛의 정수가 모두 빠져 나가는데도 물로 헹구라는 식으로 쓰여 있는 경우가 있는데, 그런 요리책은 화보집인지 요리책인지 헷갈릴 정도이다.

참고로, 레서피 정보가 발달한 일본의 요리책을 보면 기존의 우리 나라 요리책보다 설명글의 양이 훨씬 많고 상세하게 기술되어 있다. 따라서 이 책은 가족 건강을 책임질 책인 동시에, 한국인이라면 대대손손 가보로 물려가며 한식 문화의 명맥을 이어가게 할 보물과 같은 책이다.

'맛의 기억을 살리는 모험! 오늘도 이어진다!'라는 회계사님의 카카오톡 상태 메시지를 볼 때면, 인간의 열정이란 위대한 결과물을 창출해 내는 원동력임을 다시금 깨닫는다.

1 맛간장, 천일염의 준비

이 책은 설탕이나 조미료 없이 음식의 맛을 내는 조리법
을 일러준 책이므로 이 책의 조리법을 따라하려면 우선
'맛간장'(121)을 만들어 놓고 시작해야 한다. 그리고
김치나 장을 담을 때를 대비하여 천일염(20kg)을 미리 구
입하여 1년 이상 간수를 빼놓아야 한다.

2 재료와 양념의 계량 표시

며느리들이 실패를 반복하지 않게 해주려고 재료와 양
념의 계량을 정확하게 표시를 했고 조리시간, 불의 세
기까지 메모해 두었다. 이 책에서는 계량단위로 계량
컵(200ml)과 그램(g)을 사용하였고, 작은 계량단위로는
알기 쉽게 수저를 기준하였다. 1큰술은 큰 수저로 하나
(12ml)를 뜻하고 1작은술은 티수푼으로 하나(5ml)를 생각
하면 된다.

3 계절음식

때를 놓치면 1년을 기다려야하는 계절음식이 있다. 된장 고추장 이외에 매실청, 동치미, 마늘장아찌 같은 계절음식은 담는 시기를 기록하여두어야 한다. 또, 돌나물(봄), 쑥국(봄), 매생이(겨울), 총각김치(6월 중순이전), 청국장(겨울), 아욱국(가을), 오이지(여름)와 같은 계절음식은 꼭 제철에 만들어야한다. 부엌살림에 재미를 느끼면 계절이 바뀔 때마다 머리에 떠오르는 계절음식이 하나 둘 늘어 갈 것이다.

4 재료와 양념의 중요성

음식을 만드는 방법보다는 재료와 양념에 더 많은 관심을 가져야한다. 음식을 하다보면 재료의 비중이 더 크다는 것을 실감하게 된다. 가지나물, 호박나물, 무말랭이는 재료만 좋으면 누가 해도 맛을 낼 수 있다. 식혜나 고추장의 맛은 엿기름이 좌우하고, 된장의 맛은 전적으로 메주에 달려있다. 김치의 맛은 배추와 고춧가루에 따라 그 맛이 다르다. 주재료 못지않게 고춧가루, 참기름, 들기름, 집간장, 소금, 매실청 등 기본양념도 평소에 제대로 갖추어 놓아야한다.

Contents

나물, 무침, 절임

'조리법'과 '시아버지의 잔소리'로 구성되어 있다. ①'조리법'에서는 누가 따라하더라도 감동할 정도의 맛을 낼 수 있도록 조리방법 자체를 상세하게 정리를 하였고, ②'시아버지의 잔소리'에서는 이해를 돕기 위한 추가적 설명을 주로 하였다. 조리과정 중에서 어떤 것에 가장 주안점을 두어야한다든가, 재료의 선택에서 주부가 알아야할 것들이 무엇인지 하는 것들을 언급하였다.

조리과정에서 실패의 경험이 남들보다 많았기에 누가 해도 어려움 없이 음식 맛을 한 번에 해낼 수 있는 조리법을 확실하게 보여주고 싶었다. 이 책의 각 요리는 '조리법'과 '시아버지의 잔소리'로 구성되어 있다. ①'조리법'에서는 누가 따라하더라도 감동할 정도의 맛을 낼 수 있도록 조리방법 자체를 상세하게 정리를 하였고, ②'시아버지의 잔소리'에서는 이해를 돕기 위한 추가적 설명을 주로 하였다. 조리과정 중에서 어떤 것에 가장 주안점을 두어야한다든가, 재료의 선택에서 주부가 알아야할 것들이 무엇인지 하는 것들을 언급하였다.

김치

열무김치

1 손질한 열무와 얼갈이를 2~3등분하여 물에 함께 씻은 후 물 6ℓ에 소금 5컵을 풀어 만든 소금물에 2시간동안 절인다. 중간에 한 번 뒤집어준다.

2 물 3컵에 밀가루 반 컵을 풀어 풀을 쑨 다음, 양념장 그릇에 옮겨 담는다.

3 절인 열무는 물에 헹구어 체에 밭쳐 놓는다.

4 실파는 깨끗이 다듬어 물에 씻어 5cm 길이로 자르고 양파는 채를 썰어 열무와 함께 큰 그릇에 담아 놓는다.

재료	
열무	3단
얼갈이	1단
밀가루	1/2컵
양파	600g
실파	1/2단
양념	
새우젓	2/3컵
천일염	2/3컵
다진 마늘	1.2컵
고춧가루	1.5컵
홍고추	6개
생강	60g
매실청	1컵

5 새우젓, 생강, 홍고추는 믹서에 함께 갈아 양념그릇에 담고 매실청, 고
 춧가루, 다진 마늘, 소금을 넣어 양념장을 만든다. 준비한 소금은 한 번
 에 다 넣지 말고 조금 남겨두었다가 간을 보아가며 넣는다.

6 양념장을 넣고 열무를 훌훌 섞은 후, 간을 본다. 간을 볼 때는 열무의
 잎을 기준으로 한다.

7 양념에 버무린 열무김치는 김치통에 넣어 위생비닐로 덮고 꼭꼭 눌러
 준다. 기온에 따라 18~24시간 실온에 익힌 후 김치냉장고에 넣는다.
 이틀간 더 익힌다.

1 찬바람이 나면 열무물김치는 맛이 떨어지기 시작한다. 이때부터는 국
 물 없이 열무김치를 담는 것이 낫다.

2 열무에 소금을 직접 뿌려 절이면 열무에서 쓴맛이 생기고 고르게 절여
 지지가 않는다. 소금물에 절이는 것이 좋다. 열무를 절일 때 소금물을
 많이 잡으면 열무의 단물이 빠지므로 열무가 반쯤 잠기도록 물은 적게
 잡아야 한다. 물을 적게 잡으면 소금물에 잠기지 않은 열무는 절여지지
 않기 때문에 처음에는 소금물을 따라내고 따라낸 소금물을 열무 위에
 부어 열무의 숨을 죽여주어야 한다(2회 반복).

3 새우젓과 소금을 반반 씩 섞어 간을 하면 비린내가 덜하다. 멸치액젓은
 비린내가 심하니 넣지 말고 새우젓을 넣는다.

4 풀물은 물을 적게 잡고 **빡빡하게(혹은 되게)** 쑤어야 김치 국물이 적어지고, 국물이 적어야 양념이 열무에 잘 어우러진다. 풀물의 양이 많으면 양념이 씻겨내려 국물은 짜지고 열무는 맛이 없어진다.

5 **열무김치든 배추김치든 김치에 간을 할 때는 간수를 뺀 천일염을 곱게 빻아 쓰면 좋다.** 굵은 소금을 그대로 넣으면 소금이 서서히 녹기 때문에 소금에 맞닿은 열무나 배춧잎에서 쓴 맛이 생기고 간이 싱겁게 느껴져 간을 계속 하게 된다.

6 봄이나 여름에 담는 김치에는 대파 대신 실파를 쓰고 가을부터는 쪽파를 쓴다. 오래 두고 먹으려면 파를 아예 빼고 소금하나로 간을 하여 담는다.

7 햇고춧가루가 나올 무렵이 되면 묵은 고춧가루는 맛이 떨어진다. 8월 중순부터는 김치에 햇고춧가루를 쓰는 것이 가을 김치의 맛을 내는 비결이다. **10월 중순부터는 어느 김치든 풋고추를 김치에 넣지 않는 것이 좋다.** 햇고춧가루를 미처 준비하지 못한 때는 햇건고추라도 갈아서 묵은 고춧가루와 섞어 넣으면 김치의 맛이 확연하게 다르다. 건고추를 갈 때는 물에 불리지 말아야한다. 건고추를 물에 불리면 고추의 단물이 상당부분 빠져 김치맛을 내기 어렵다.

8 열무는 손을 덜 타야 국물에서 풋내가 나지 않는다. 열무를 절일 때, 열무를 헹굴 때, 양념을 버무릴 때 열무에 손이 덜 타도록 주의를 기울여야 한다.

9 **열무김치를 담을 때 오이소박이 4개를 담아 김치통 바닥에 깔면 열무**

 이때, 원래의 오이소박이를 담을 때와 다른 점은 다음과 같다. 첫째, 오이를 자르지 않고 통째로 담되, 양끝 1.2cm 남기고 안쪽에 십자칼집을 길게 낸다. 둘째, 부추를 넣지 않고 양파와 쪽파를 썰어 넣어 새우젓 하나로 간을 하고, 다진 마늘, 고춧가루, 생강은 조금씩 넣어 양념을 한다.

열무물김치

1 열무김치와 같은 방법으로 열무와 얼갈이를 다듬어 7~8cm 길이로 자른 다음, 열무김치(1)를 절이는 방법대로 열무와 얼갈이를 함께 절여 물에 씻어 물기를 뺀다. 파는 다듬어 씻고 열무와 비슷한 길이로 잘라 물에 씻어 열무와 함께 큰 그릇에 담는다. 양파는 채를 썰어 열무 위에 얹는다.

2 홍고추는 믹서에 갈아놓는다.

3 풀을 쑬 물 1 l 를 먼저 끓인다. 물이 끓는 동안 밀가루 3/4컵을 물 1.5컵에 풀어 물이 끓어오를 때 집어넣는다. 풀을 다 쑤고 나면 생수 4 l 를 부어 풀물의 농도를 맞춘 후 다진 생강, 홍고추, 매실청을 넣고 소금으로 간을 맞춘다.

4 열무물김치는 익어가면서 국물의 간이 짜지거나 싱거워지지 않으므로 담을 때 국물의 간을 딱 맞추어야한다.

재료	
열무	3단
얼갈이	1단
밀가루	3/4컵
양파	600g
실파	1/2단
양념	
다진 마늘	2컵
고춧가루	2컵
홍고추	7개
생강	50g
천일염	4/5컵
매실청	1.5컵

5 열무를 버무릴 큰 용기에 열무를 4~5차례 나누어 담고 담을 때마다 양념을 나누어 얹는다. 별도로 버무리지 않는다.

6 열무를 김치통에 담아 실온에서 12~24시간 익힌 후 김치냉장고에 옮긴다. 한여름에는 12시간이 되기 전에 김치냉장고로 옮긴다.

1 물김치에는 젓갈을 넣지 않고 소금으로만 간을 하여야한다. 그래야 김치국물이 담백하다. 깊은 맛을 내려면 풀물의 농도를 나박김치나 돌나물김치에 비하여 높이는 편이 낫다. 다진 마늘과 고춧가루는 국물의 양에 맞추어 넉넉하게 넣어야 양념이 국물에서 겉돌지 않고 잘 어우러진다.

2 물김치에 넣는 소금은 천일염을 꼭 써야한다. 천일염에는 독극물(핵비소)이 미량 들어 있으나 간수를 빼면 상당부분 제거되고 숙성이 되면서 완전히 없어지므로, 김치에는 정제염이나 재제염(꽃소금)보다 천일염을 써야한다. 정제염은 우리 몸에 유익한 미네랄까지 빼내고 순수나트륨 함량만을 높였기 때문에 김치를 담는데 적합한 소금이 아니다. 천일염이 식품으로 분류된 이후 천일염을 정제한 입자가 작은 소금이 500g, 1kg단위로 나와 있어 이 소금을 쓰면 된다.

3 젓갈을 넣지 않은 열무물김치에 생강을 넣는 것은 물김치의 맛을 내기 위한 것이다.

4 열무김치에 매실청을 넣으면 열무의 쓴맛을 잡아주고 물김치가 빨리 쉬어버리는 것을 막아준다. 매실청 대신 설탕을 넣으면 처음에는 별 차이를 못 느끼지만 시간이 지나면 김치가 물러진다.

5 김치국물이 싱겁거나 짤 경우에는 하루 이틀 뒤라도 간 조절이 가능하다. 간이 짜면 생수로 맞추고, 싱거우면 국물을 따라내어 소금을 풀어 다시 넣으면 된다.

6 열무물김치 역시 숙성과정이 맛을 좌우한다. 실온에서 어느 정도 익힌 뒤 김치냉장고로 들여 놓아야 하는데, 문제는 들여놓는 시기이다. 김치가 익으면 국물이 위로 솟아오르고 이보다 더 익으면 작은 기포가 올라오는데 국물이 솟아오르기 직전에 옮겨야한다. 여러 번 하다보면 김치뚜껑을 열었을 때 김치가 익은 냄새만 맡아도 김치통을 들여놓을 시기를 알게 된다.

7 열무물김치를 담을 때에도 열무김치를 담을 때와 같이 오이소박이를 4개 정도 담아 김치통 바닥에 깔면 열무김치국물이 한결 시원해진다.

물김치에 넣는 소금은
천일염을 꼭 써야한다.

김장김치

1 무를 물에 깨끗하게 씻어 채를 썬다. 채는 칼로 직접 썰거나 채칼로 썬다.

2 김치의 간은 새우젓과 소금을 1:3의 비율로 한다. 소금은 한 번에 다 넣지 말고 남겨 두었다가 간을 보면서 넣는다. 김장김치에는 새우젓을 갈지 않고 그대로 넣는다.

3 생새우는 10포기당 1근을 넣는다.

4 물오징어(생물)는 작은 것으로 3마리를 잘게 썰어 넣는다.

5 무채에 고춧가루를 먼저 버무려 30분간 재워 무채를 붉게 물들인 다음, 거기에 새우젓, 멸치액젓, 까나리액젓, 소금, 생새우, 물오징어, 다진 마늘, 다진 생강을 넣어 배춧속을 만든다. 대파, 쪽파, 갓은 4cm길이로, 무에서 잘라낸 무청 고갱이는 2cm길이로 각각 잘게 썰어 무채에 넣고 양념이 고루 배도록 버무린다. 소금으로 간을 맞추면서 한 번 더 버무린다.

재료	
배추	절인배추 60kg, 21포기
무	10kg, 8개
새우	2근
물오징어	3마리
양념	
새우젓	5컵
천일염	10컵
고춧가루	15컵
다진 마늘	8컵
생강	1.5컵
청갓	2단
대파	반단
쪽파	1단

6 배춧속을 배추줄기 안쪽에만 톡톡 얹고 배춧잎에는 색깔정도만 비치게 양념 묻은 손으로 가볍게 문지른다. 시간이 지나면 배추줄기에서 양념이 흘러내려 배춧잎에까지 충분히 간이 배어들기 때문이다.

7 12시간 정도 실온에 보관하였다가 김치냉장고에 들여놓는다. 늦은 봄에 먹을 김치는 바로 김치냉장고에 넣는다.

시아버지의 잔소리

1 숙성기간이 긴 김장김치를 담을 때는 풀물을 쑤지 않는다. 풀물을 쑤어 담으면 김치가 빨리 쉰다.

2 김치에 넣는 젓갈로는 멸치속젓, 황석어젓(조기새끼), 갈치속젓을 쓰기도 한다. 어느 젓갈을 쓰든 젓갈위주로 담은 김치는 여름이 되면 물러지고 군내가 난다. 이듬해 늦게까지 김치를 신선하게 유지하려면 양념을 처음부터 구분하여 김치를 따로 담아야한다. 여름에 먹을 김치를 따로 담는 김치에는 젓갈을 절반이하로 줄이고 소금위주로 간을 하여야 하며, 대파를 넣지 않고 쪽파만 넣도록 한다. 대파는 단맛을 내지만 오래되면 물러진다.

3 감칠맛을 내려면 생새우와 물오징어는 넣는 것이 좋다. 그렇지만 오래동안 보관할 김치에는 생새우를 넣지 않는다.

4 갓은 김치를 시원하게하면서 더디 익게 하는 성분이 있어 예전처럼 춥지가 않은 요즈음에는 김장김치에 갓을 집어넣어 김치를 천천히 익도

록 하는 것이 좋다. 청각은 젓갈의 비린내를 줄여주는 작용이 있어 향
이 진한 젓갈을 많이 넣는 지방에서 비린내를 줄이기 위하여 청각을 넣
어왔다. 그러나 잘 숙성된 젓갈은 예전처럼 비린내가 나지 않기 때문에
청각을 김치에 꼭 넣을 필요가 없어졌다. 특히 청각은 숙성이 되어도
그 향이 강해 쉽게 가시지 않기 때문에 넣지 않는 것이 좋다.

5 무채는 채칼보다 칼로 썰어야 무채가 무르지 않게 된다. 무채는 미리
썰어 놓지 말고 양념에 버무리기 직전에 썰어야한다. 무채를 미리 썰어
양념에 버무려두면 무채에서 물이 빠져 양념이 무채에 잘 배지 않는다.

6 **무채의 양은 부족한 듯이 넣는 게 좋다.** 무채를 많이 집어넣으면 김치
가 깔끔하지 못하고 배추에 들어갈 양념이 무채에 배기 때문에 김치의
맛이 떨어진다.

7 무쪽을 김치에 넣으려면 소금과 고춧가루에 무쪽을 버무려 1시간동안
재운 후 김치포기 사이사이에 끼워 넣는다.

8 배춧속을 다 집어넣은 배추는 김치통에 담고 배추 줄기가 덜 절여진 배
추가 있으면 줄기 쪽에 소금을 뿌린다. 덜 절여진 배추는 싱겁고 양념
이 잘 배지 않아 맛이 없다.

배추 절이기

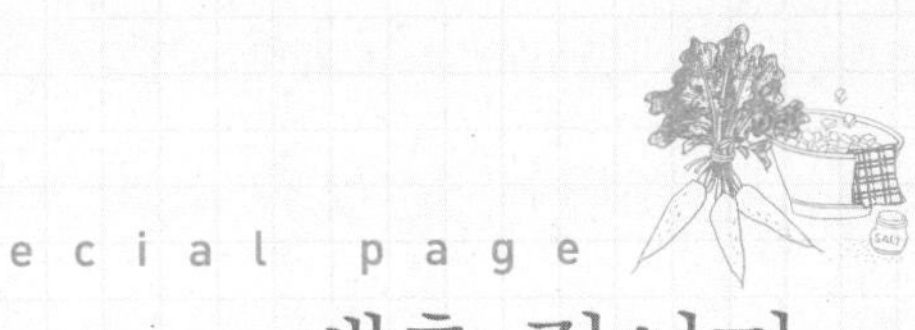

1 배추의 겉잎을 다듬고 뿌리 밑동을 칼로 자른다. 배추포기의 밑 부분만 칼집을 내어 손으로 2등분한 다음, 배추의 뿌리 쪽 부분이 잘 절여지도록 중간에 칼집을 내 주든가 큰 배추는 4등분한다.

2 큰 용기에 소금물을 푼다.

3 반으로 쪼갠 배추는 하나하나 두 손으로 잡고 소금물에 충분하게 잠기도록 하였다가 바로 빼낸다(두 번 반복).

4 소금물에서 빼낸 배추는 한 번에 두 닢씩 제쳐가며 줄기 사이에 소금을 뿌린다. 자른 면이 위를 보게 하여 큰 용기에 차곡차곡 쌓으면서 한 층이 쌓아 질 때마다 줄기가 잘 절여지도록 자른 단면에도 소금을 고르게 뿌린다. 절이는 시간은 12~14시간 정도로 한다.

5 절이는 중간에 위에 있는 배추는 맨 밑으로 가게 뒤집어준다. ⑥ 배추가 다 절여지면 찬물로 깨끗이 두 번 헹군 후 2시간 동안 물기를 뺀다. 물기를 뺄 때는 배추를 엎어 쌓는다.

배추맛김치

1 배추의 밑동을 칼로 잘라내고 밑동에 칼집을 내어 손으로 배추를 반으로 쪼갠다. 배추 뿌리부분을 도려내고 고갱이를 뺀 배추줄기는 세로방향으로 반을 칼로 가른다. 잘게 썰지 않고 긴 배추를 그대로 담는다.

2 물 2컵에 밀가루 1/3컵을 풀어 풀을 되게 쑨 다음, 양념장 그릇에 옮겨 찬물 1컵을 섞어 풀어놓는다.

3 물 5.5 *l* 에 소금 4.5컵을 탄 소금물에 배추를 2시간 정도 절인다. 절이는 도중에 한번 뒤집는다.

재료	
배추	3포기
부추	반단
쪽파	반단
배	1개
밀가루	1/3컵
양파	600g
양념	
새우젓	2/3컵
까나리액젓	1/3컵
고춧가루	2.5컵
홍고추	5개
다진 마늘	1컵
생강	60g
매실청	1컵
천일염	1/3컵

4 부추와 쪽파는 다듬어 물에 씻어 놓고 배는 씨앗을 빼내어 채를 썰어 놓는다.

5 새우젓, 생강, 홍고추를 믹서에 갈아 밀가루 풀 그릇에 담는다.

6 절인배추를 물에 두 번 헹구고 물기를 뺀 다음, 이를 큰 용기에 먼저 넣

고 그 위에 부추, 쪽파, 배를 얹는다.

7 밀가루풀에 고춧가루, 다진 마늘, 액젓, 매실청을 넣고 양념장을 만들어 배추위에 넣고 버무린다. 배춧잎으로 간을 보고 소금으로 간을 맞춘다.

8 양념에 버무린 김치를 김치통에 담고 양념이 잘 배도록 손으로 꼭 눌러 준 후 비닐로 덮는다. 실온에 12~16시간 놔두었다 김치냉장고에 옮긴다.

1 맛김치는 배추를 작은 크기로 썰어 담는 것보다 겉절이 식으로 길쭉하게 담았다가 먹을 때 가위로 자르는 것이 낫다.

2 김장김치는 배추를 소금에 직접 절이지만, 여름배추는 줄기가 물러 소금을 뿌려 절이면 배추가 짜지기 때문에 소금물을 만들어 절여야한다. 소금물에 절일 때는 소금물을 짜게 하여 단시간에 절이는 것보다 소금물의 농도를 낮추어 2시간 정도 오래 절여한다. 그 이상 절이면 배추의 단물이 빠진다. 물 5.5 *l* 에 소금 4.5컵이면 적당하다. 배춧잎이 줄기에 비하여 잘 절여지므로 배춧잎은 1시간 반 절인 다음, 건져내고 줄기는 30분 더 절이면 줄기와 잎이 적당하게 절여진다. 배추줄기를 손으로 구부렸을 때 휘어지는지 정도를 보면 알 수 있다.

3 햇고추가 나오기 시작하면 묵은 고춧가루는 맛이 없어지기 시작한다. 8월 중순부터는 햇고춧가루를 넣고 햇젓이 준비가 되지 않았으면 햇건

고추(10개)라도 갈아 넣으면 김치맛이 확 달라진다. 이때도 홍고추는 종 전처럼 넣지만 11월 이후 날씨가 차지면 홍고추는 넣지 않는 것이 좋 다.

4 간을 볼 때에는 배춧잎 끝부분을 떼어내어 간을 본다. 김치가 익어가면 서 줄기에서 물이 생겨나므로 김치를 담을 시점에서의 간은 약간 짭짤 해야한다.

5 무더운 여름에는 풀물에 김치를 담으면 김치가 빨리 익는다. 한여름에는 풀물의 농도를 낮추어 멀겋게 하거나 맹물에 담는다.

6 배추는 배추의 줄기가 얇은 것이 맛이 있다. 여름배추에 비하여 10월 중순이후에 나는 가을배추가 맛이 있다. 특히 고랭지 배추는 줄기가 두 껍지 않고 무르지 않아 좋다. 배추의 겉모양으로는 배추의 맛을 판단하 기 어렵다. 배추 속잎을 조금 떼어내 고소한 맛이 나는 배추를 골라야 확실하다.

7 미나리를 넣으면 미나리향이 김치 맛을 좋게 하지만 김치가 빨리 익어 보관성이 떨어진다.

8 맛김치에는 부추를 넣어야 맛이 있다. 부추대신 파를 넣어도 좋다.

9 겉절이김치를 제외한 어느 김치에든 설탕, 참깨, 참기름은 넣지 말아 야한다. 김치에 설탕을 넣으면 신선한 맛이 없어지고 김치가 쉬 물러진 다. 또, 참기름이나 들기름을 넣으면 김치에서 쩐내가 난다.

간을 볼 때에는 배춧잎 끝부분을
떼어내어 간을 본다.

포기김치

1 배추를 절이는 방법은 김장김치를 담을 때 배추를 절이는 방법과 동일하다. 다른 점은 절이는 시간을 12시간에서 5시간으로 크게 줄여한다는 사실이다.

2 포기김치를 담는 요령은 맛김치와 김장김치를 담는 요령을 따라하면 된다. 다른 점은 ㉮포기김치에는 부추를 넣더라도 대파도 넣어야하고 홍고추는 넣지 않는다는 점과 ㉯김장김치에는 새우젓을 그대로 넣었으나 포기김치는 숙성기간이 짧아 새우젓을 갈아 넣어야한다는 점이다.

재료	
배추	4포기
무	1.2kg
부추	반단
대파	3뿌리
양파	600g
양념	
새우젓	1컵
멸치액젓	1/2컵
천일염	1/2컵
고춧가루	2컵
홍고추	5개
다진 마늘	1.3컵
생강	60g
매실청	1.5컵

1 봄에 담는 포기김치는 저온창고에 보관했던 가을배추로 담기 때문에

이미 수분이 빠진 상태이므로 오랫동안 절이면 단물이 다 빠진다.

2 김장김치가 아닌 포기김치에도 무채를 썰어 '김치소'를 만들어야한다. 김장김치에 비하여 그 양을 절반으로 줄이고 대신 김장김치에 넣지 않는 부추와 양파를 넣는다. 간은 소금의 비중보다 새우젓과 액젓의 비중을 높여 간을 하는 것이 좋다. 갓이나 해산물은 넣지 않는다.

3 맛김치를 담을 때는 부추를 3등분하였으나 포기김치를 담을 때는 2-3cm 길이로 잘게 썰어 소를 만든다.

4 김장김치와 달리 포기김치를 담을 때는 매실청을 넣으면 김치가 무르지 않고 단맛이 난다.

겉절이김치

1 얼갈이의 밑동만 칼로 자르고 물에 한 번 헹군다. 파와 양파는 다듬어 물에 씻은 다음, 파는 4~5cm길이로 자르고 양파는 채를 썰어 놓는다.

2 물 2 *l* 에 소금 1.2컵을 풀어 얼갈이를 1시간 반 동안 약하게 절인다음 물에 헹군다.

3 물기를 뺀 얼갈이에 양파와 쪽파를 얹고 고춧가루, 젓갈, 다진 마늘, 매실청을 넣고 버무린다.

4 바로 먹을 김치는 덜어내 참기름과 깨소금을 넣어 무치고 나머지는 김치통에 넣어 김치냉장고에 옮긴다.

재료	
얼갈이	1단
양파	300g
쪽파	1/4단
양념	
새우젓	1/5컵
멸치액젓	1/4컵
다진 마늘	1/4컵
고춧가루	1/2컵
생강, 매실청	1/4컵

1 얼갈이를 약한 소금물에 살짝 절여야한다.

2 바로 먹는 겉절이라도 생강은 조금 넣어야하고 담그자 바로 먹는 것 이
  외에는 참기름과 깨소금을 넣지 않는다.

양배추보쌈김치

1 양배추를 반으로 가른 다음, 양배추잎이 잘 벗겨지도록 자른 단면에 수돗물을 틀어 물이 스며들도록 한다.

2 양배추의 밑동을 파내고 한 장씩 떼어 낸다.

3 배춧잎은 물에 씻지 않고 잎을 똑바로 하여 차곡차곡 큰 용기에 담는다. 물 5.5 *l* 에 소금 4컵을 탄 소금물을 붓고 2시간 절인다. 절이는 도중 위아래 위치를 바꾸어 고르게 절인다.

4 새우젓, 건고추, 생강은 함께 갈아 놓는다.

5 무는 채를 썬 다음, 멸치액젓으로 살짝 절인다.

6 쪽파와 미나리는 다듬어 물에 씻어 헹군 다음, 5cm 길이로 썰어 놓고 배는 껍질을 벗겨 굵게 채를 썰어 놓는다.

7 다 절인 양배추를 건져내 물에 한번 씻은 다음, 체에 밭쳐 물기를 완전히 뺀 후, 튀어나온 등줄기는 칼로 하나하나 깎아내어 잎을 얇게 편다.

8 무채에 고춧가루, 새우젓, 다진 마늘, 미나리, 쪽파, 배, 매실청을 넣고

재료	
양배추	2개
무	1kg
배	2개
쪽파	반단
미나리	반단
양념	
새우젓	1컵
멸치액젓	2/3컵
천일염	1/2컵
고춧가루	3컵
다진 생강	60g
매실청	1컵

함께 버무린 다음, 소금으로 간을 맞춘다. 고춧가루는 넉넉하게 넣는다.

9 양배추 한 장에 무채를 얹고 네모모양으로 배춧잎을 포개 싼 다음, 김치통에 차곡차곡 뒤집어 담는다. 부스러기(잎)는 양념위에 얹어 보쌈을 싸주고 잎이 작아 잘 보쌈이 싸지지 않으면 작은 잎을 하나 위에 덮어주고 김치통에 담는다.

10 보쌈을 다 싸고 남은 양념은 보쌈김치 위에 뿌려주고 꼭꼭 눌러준다.

1 양배추김치는 가을 김장무로 담아야 무의 단물이 양배추와 어우러져 김치 맛이 특별하므로 가을부터 저장무가 나오는 이른 봄까지 담는다.

2 소금에 절여 잎을 전체적으로 부드럽게 해주고 등줄기는 칼로 깎아내어 보쌈을 쌀 수 있도록 잎을 얇게 만들어야 한다.

3 양배추는 배추에 비하여 잎이 억세기 때문에 쉽게 절이지 않아 보쌈을 싸기가 힘들다. 따라서 덜 절여진 배춧잎은 골라내어 소금물에 담가 더 절여주어 부드럽게 만들어 주어야한다.

4 양배추부스러기는 버리지 말고 소금물에 함께 절여 무채 위에 얹어 보쌈을 싸면 무채양념과 어우러져 맛있게 익는다.

5 양배추는 일반배추에 비하여 빨리 익는다. 실온에 8시간 두었다가 김치냉장고에 3일간 숙성시킨다. 특히 미나리와 파를 집어넣었기 때문에 3주 이상 보관하기 어렵다.

깍두기

1 무를 깍두기 크기로 썬 다음, 큰 그릇에 담아 소금을 약하게 뿌려 2시간 정도 절인다.

2 새우젓을 곱게 갈아 여기에 잘게 다진 물오징어, 다진 생강, 다진 마늘을 넣고 양념장을 만든다.

3 무를 절이면서 생긴 물은 버리지 말고 고춧가루를 먼저 넣어 버무린다. 그 위에 깍두기 크기로 썰어 놓은 양파와 쪽파를 넣고 양념장을 고루 버무린다. 소금으로 간을 맞춘다.

4 김치통에 깍두기를 담고 위생비닐로 덮어 꼭꼭 눌러준다. 실온에 24시

재료	
김장무	10kg
쪽파	반단
양파	800g
물오징어	1마리
양념	
새우젓	1.8컵
천일염	2/3컵
고춧가루	3컵
다진 생강	1/3컵
다진 마늘	1.5컵
매실청	1/2컵

간 두었다가 김치냉장고에 보관한다.

1 깍두기는 살짝 절여야 무가 물러지지 않고 물이 덜 생기며 고춧가루가 잘 입혀진다. 소금을 약하게 뿌려 2시간 동안 서서히 절이는 것이 좋다. 무를 절이지 않고 그대로 담으면 무에서 물이 많이 생기고 고춧가루 같은 양념이 겉돌아 물김치가 된다.

2 무를 절이면서 생긴 물은 깍두기의 맛을 내는 단물이므로, 따라내어 버리지 말고 그대로 넣어야한다. 특히 소금에 절인 무를 물에 헹궈 버리면, 물에 넣는 순간 무의 단물이 상당부분 빠진다.

3 대파를 넣으면 파에서 진액이 생기므로 깍두기김치에는 대파대신 쪽파를 쓰는 것이 좋다.

4 깍두기 김치에는 매실청을 넣어도 좋고, 매실청을 뜰 때 건져 둔 매실을 넣으면 깍두기에 단맛이 생기면서 깍두기를 서서히 익게 한다.

5 깍두기는 고춧가루와 다진 마늘을 넉넉하게 넣어 국물을 걸쭉하게 담는 것이 좋다.

6 깍두기에는 멸치액젓이나 까나리액젓보다 새우젓 간이 낫다. 깍두기는 배추김치와 달리 2~3일 후부터 먹을 수 있으므로 새우젓을 곱게 갈아 넣어야한다.

7 이른 봄까지 담는 깍두기는 저장무로 담아야한다. 저장무가 들어가면

가을 김장무가 나올 때까지 기다려야한다. 봄에 나는 햇무나 여름에 나는 무는 짐짐하고 매운맛이 강하여 깍두기를 담기에 적합하지 않다.

8 무청의 고갱이는 잘라 버리지 말고 4~5cm 길이로 썰어 넣으면 깍두기가 맛있게 익는다. 한여름이 아니라면 미나리나 갓을 넣으면 좋다.

9 김장용 깍두기에는 싱싱한 물오징어(작은 것)를 잘게 썰어 생새우와 함께 넣으면 깍두기가 익으면서 감칠맛이 있다. 김장용 깍두기가 아닌 봄에서 초가을까지 담는 깍두기에는 해산물을 넣지 않는 것이 좋다.

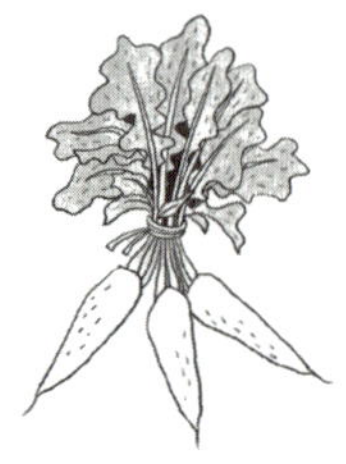

다진 마늘 보관요령

다진 마늘을 냉장 보관하여 필요시 마다 덜어 쓰면 다진 마늘이 공기와 접촉되면서 변질되고 마늘의 향이 상당부분 날아간다. 평소 소량 씩 쓰는 다진 마늘은 공기가 통하지 않게 잘 싸서 냉동 보관하였다가 필요시 꺼내 쓰면 신선한 다진 마늘을 필요할 때 쓸 수 있다.

1 폭이 넓은 은박지에 다진 마늘을 얇게 깔고 공기가 잘 통하지 않도록 은박지를 뒤집어씌운 뒤 은박지가 위아래 접촉하는 3면 가장자리를 눌러 봉합한다.(이런 건 사진 하나 있으면 참 좋겠네요) 한번 만들 때 3~4개를 만들어 둔다.

2 마늘을 싼 은박지를 칼끝으로 가로줄, 세로줄을 2~3개 긋는다. 줄 간격의 길이를 달리하면 더 유용하다.

3 필요할 때 필요한 만큼 똑똑 분질러 쓰면 된다. 은박지를 한번 자르면 공기가 통하므로 공기가 접촉하지 않도록 은박지를 봉합해 둔다.

4 다진 마늘 뿐 아니라 바지락, 키조개, 물오징어, 민물새우 등도 이 같은 방법으로 냉동 보관하면 유용하게 쓸 수 있다.

무청김치

1 무청을 깨끗하게 다듬어 열무김치와 같이 2~3등분하지 않고 물에 씻어 그대로 절인다. 커다란 무는 잘라버리지 말고 물에 씻어 무청과 함께 소금물을 만들어 2시간동안 절인다. 소금물은 물 5.5 *l* 에 소금 4컵을 풀어 만든다. 무청을 절일 때는 줄기의 밑동을 30분간 소금물에 먼저 담군 뒤에 잎사귀는 뒤늦게 밀어 넣고 고갱이는 골라 두었다가 1시간 뒤에 소금물에 절인다.

재료	
무청	3단
쪽파	반단
양파	600g
양념	
새우젓	1컵
천일염	1/2컵
고춧가루	1.5컵
생강	
다진 마늘	1컵
홍고추	7개
매실청	1컵

2 쪽파는 다듬어 쪽파 대가리가 큰 것만 골라 칼등으로 두드려 펴준다. 양파는 채를 썰어 놓는다.

3 물 1.5컵에 밀가루 2큰술을 풀어 풀을 되게 쑨 다음, 양념장 그릇에 옮겨 찬물 1컵을 섞어 풀어놓는다.

4 새우젓, 생강, 풋고추는 믹서에 갈아 양념그릇에 담는다. 다진 마늘, 고춧가루, 매실청을 넣고 양념장을 만든다.

5 절인 무청을 물에 2번 헹군 다음, 체에 밭쳐 물기를 뺀 후 큰 용기에 옮긴다.

6 무청 위에 쪽파와 양파를 얹고 양념장을 넣고 버무린다. 간을 보아가며 소금으로 간을 맞춘다.

7 버무려진 무청김치는 김치통에 옮겨 담아 위생비닐로 덮어 꼭 눌러 준 후 실온에 16시간 익혔다가 김치냉장고에 보관하여 3일간 숙성시킨다.

1 무청은 김장무를 9월말부터 10월 중순까지 솎아낸 것이어서 열무와 모양새가 비슷하나, 열무보다 줄기가 굵고 억센 편이다. 그러나 무청은 열무에 비하여 섬유질이 많고 깊은 맛이 있어 10월에는 열무보다 여린 무청으로 무청김치를 담는다. 열무김치보다 한결 맛이 있다.

2 무청과 쪽파는 자르지 않고 그대로 담는 것이 더 맛이 있다. 쪽파 대가리가 굵은 것은 매운 맛이 나므로 칼로 십자를 내든가 칼등으로 두드려 펴주는 것이 좋다.

3 무청김치는 열무김치에 비하여 간을 싱겁게 담는 편이 낫다.

4 무청김치도 열무김치를 담을 때와 같이 오이소박이(6개)를 담아 김치통 밑에 깔아 주면 김치가 한결 맛이 있고 오이가 맛이 있게 익는다.

총각김치

1 물 3컵에 밀가루 반 컵을 풀어 풀을 쑤어 식
혀 놓는다.

2 연한 무청은 남겨두고 굵고 질긴 것은 떼어
낸다. 무 꼭지를 칼로 잘라낸 다음, 물에 풀
어 무를 깨끗이 씻는다. 무를 씻고 나서 깨
끗한 물로 한번 헹군 뒤에 무청을 절인다.

3 물 5.5 *l* 에 소금 4컵을 풀어 놓는다.
씻은 무를 큰 그릇의 가장자리에 빙 둘러
무청이 위를 향하게 비스듬이 세워놓고,
소금 1컵을 무위에 뿌려 준 뒤에 무가 소금물에 잠기게 소금물을 무위
에 붓는다. 무청에는 소금을 뿌리지 않는다. 한 시간 반 후에 무를 뒤집
어주고 무청까지 소금물에 집어넣고 1시간 더 절인다.

4 잘 절여진 무는 깨끗한 물로 2번 헹구어 물기를 뺀 후 큰 무만 골라 배
를 갈라 2등분한다. 무청은 길이가 긴 것만을 골라 무청을 칼로 한번 자
르고 쪽파는 2등분한다.

재료	
총각무	3단
쪽파	1단
양파	500g
밀가루	1/2컵
양념	
새우젓	1.3컵
천일염	1/4컵
고춧가루	3컵
생강	70g
다진 마늘	2/3컵
매실청	1.5컵

5 생강과 새우젓은 믹서에 함께 갈아 풀물이 담긴 양념그릇에 담는다. 다진 마늘, 매실청도 양념그릇에 넣어 섞는다.

6 절인 총각무, 쪽파, 굵게 채를 썬 양파를 큰 그릇에 담아 고춧가루를 넉넉하게 넣고 1차로 버무린 후 양념장을 넣고 다시 버무린다. 간을 확인하고 소금으로 간을 맞춘다.

7 실온에서 3일간 익힌 후 김치냉장고에 넣는다. 겨울에는 실온에서 5일 익힌다.

1 총각무는 늦가을에 나는 무와 5월부터 6월 초순까지 노지에서 나는 무가 달고 수분이 많다. 더위가 시작되면 무에 심이 생겨 무가 질겨지고 매워지므로 여름에는 총각김치를 담지 않는다.

2 김장철에 담는 총각무는 속까지 깊이 간이 배도록 숙성을 시켜야하므로 다른 김치에 비하여 숙성기간이 길다. 늦가을에 담는 총각김치는 총각무가 굵더라도 무를 구태여 가를 필요가 없는 반면, 봄에 담는 총각김치는 숙성기간이 짧으므로 무에 간이 잘 배도록 배를 갈라야한다.

3 총각무를 절일 때는 무를 위주로 절이고 무청은 마지막에 소금물에 넣어 가볍게 절인다.

4 총각김치는 다른 김치보다 고춧가루를 30%정도 더 넣어 발갛게 담는 것이 좋다. 김치가 익으면 김치 국물이 걸쭉하게 된다.

5 늦은 가을에 담는 총각김치는 소금위주로 짭짤하게 담아 3개월 이상 숙

성시켰다가 이듬해 봄이 되면 깊은 맛이 일품이다.

총각무를 절일 때는 무를 위주로 절이고 무청은
마지막에 소금물에 넣어 가볍게 절인다.

총각무김치 볶음

1 총각무김치 볶으면 훌륭한 반찬이 된다. 총각김치 무와 무청을 4~5cm 길이로 썰어놓는다. 무가 크면 반달모양으로 1cm 두께로, 무청은 5~6cm 길이로 썬다.

2 후라이팬에 식용유를 두르고 무, 무청, 돼지고기(또는 쇠고기), 다진 마늘을 넣고 센 불로 1분간 볶다가 불을 줄이고 1분간 더 볶는다. 다른 양념은 하지 않는다. 이때 물은 섞지 않는다.

3 불은 중불이하로 줄이고 무가 익을 때까지 뚜껑을 덮고 중간 중간 뒤집으며 서서히 20분간 익힌다. 무가 어느 정도 익어 가면 불을 더 약하게 줄이고 10분간 더 익힌다. 불을 약하게 줄이지 않으면 김치에 물기가 적어 김치가 탈 수 있으므로 마지막에는 불을 최대한 줄여 김치를 서서히 볶아야한다. 열무김치 볶음도 같은 방법으로 볶는다.

부추김치

1 양념을 섞어 양념장을 만들지 말고 멸치액젓, 고춧가루, 다진 마늘을 그대로 둔다.

2 양파는 굵게 채(0,8cm)를 썰어놓는다.

3 부추를 물에 깨끗이 씻은 다음, 물기를 뺀 뒤 양파채와 섞는다. 고춧가루를 넣고 고루 섞은 다음, 다진 마늘과 멸치액젓을 넣고 풋내가 나지 않도록 살살 버무린다. 부추를 양념에 버무릴 때는 열손가락을 펴서 부추를 위로 들어 올렸다가 조금씩 떨어뜨린다.

4 간을 싱겁게 맞춘다. 김치통에 담아 8시간 실온에 두었다가 김치냉장고에 옮긴다.

재료	
부추	3단
양파	700g
양념	
멸치액젓	1컵
고춧가루	1컵
다진 마늘	1/2컵
천일염	1큰술

시아버지의 잔소리

1 부추는 키가 작고 여릴수록 부드럽고 맛이 있다. 부추는 여리므로 손으로 비벼 씻지 말고 흐르는 물에 흔들어 씻어야한다. 부추는 자르지 말

부추는 키가 작고 여릴수록
부드럽고 맛이 있다.

고 그대로 담는다.

2 부추는 여리므로 다른 김치에서와 같이 양념장을 만들어 버무리지 말고 고춧가루, 다진 마늘, 액젓을 순서대로 하나씩 넣어가며 버무려야한다.

3 부추김치에 양파를 썰어 넣으면 부추 하나로 담는 것보다 맛이 있다. 양파를 가늘게 채를 썰어 넣으면 양파가 물러지므로 0.8cm 두께로 굵게 썰면 좋다.

4 부추김치는 새우젓보다 액젓으로 담는 것이 좋다. 액젓은 멸치액젓 하나로 담는 것보다 까나리액젓과 반반씩 섞어 담으면 비린 맛이 덜하다. 부추김치는 간을 맞추는 것이 쉽지 않다. 처음에 간이 싱거운 듯해도 익으면서 짜지므로 간을 더 하지 말아야한다. 부추를 절이지 않고 담았기 때문에 담을 때는 싱겁게 느껴질 뿐이다.

5 부추김치에는 풋고추, 파, 생강 어느 것도 넣지 않는다.

쪽파김치

1 물 2컵에 밀가루 2큰술을 풀어 풀을 되게 쑤어 식힌다.

2 새우젓, 멸치액젓, 고춧가루, 다진 마늘을 풀물에 넣고 양념장을 만든다. 새우젓은 칼로 다져 넣는다.

3 쪽파를 깨끗하게 다듬은 후 물에 2번 헹군 다음, 체에 밭쳐 물기를 뺀다. 밑동이 굵은 쪽파는 간이 잘 배도록 칼집을 내주고 잎은 자르지 않고 그대로 둔다.

4 양파는 0.8cm 두께로 굵게 썰어 놓는다.

5 물기를 뺀 쪽파와 양파를 버무릴 그릇에 담아 양념장을 넣고 버무린다.

6 양념에 버무린 쪽파는 김치통에 담아 실온에 10시간 두었다가 냉장 보관한다.

재료	
쪽파	3단
양파	500g
밀가루	2큰술
양념	
새우젓	3/4컵
멸치액젓	3/4컵
고춧가루	2.5컵
다진 마늘	1컵
매실청	2/3컵

1 쪽파김치는 밑동이 굵어지기 시작할 즈음인 봄철에 담는 것이 좋다. 여름이 되면 쪽파는 밑동이 굵어져 매운 맛이 강하며, 겨울에는 매운 맛이 약하여 쪽파김치를 담기에 적합하지 않다.

2 쪽파를 절이면 잎이 질겨지므로 쪽파는 절이지 말고 그대로 담아야 한다.

3 풀은 묽게 쑤지 말고 되게 쑤어야한다. 5월 말 이후에 풀물을 쑤어 쪽파김치를 담으면 김치가 빨리 쉬므로 이때부터는 맹물에 담는 것이 좋다.

4 쪽파의 매운맛이 젓갈의 비린 맛을 잡아주기 때문에 쪽파김치에는 생강을 따로 넣지 않아도 된다. 풋고추도 넣지 않는다.

5 고춧가루는 넉넉하게 넣어 발갛게 담는 것이 좋다.

6 양파는 쪽파김치에도 넣으면 좋다. 갓을 썰어 넣어도 좋다.

쪽파김치는 밑동이 굵어지기
시작할 즈음인 봄철에 담는 것이 좋다.

갓김치

1 물 2컵에 밀가루 2큰술을 풀어 풀을 되게 쑤어 식힌다.

2 새우젓, 멸치액젓, 고춧가루, 다진 마늘, 생강을 풀물에 넣고 양념장을 만든다.

3 물 7 l 에 소금 4.5컵을 탄 소금물에 갓을 1시간 정도 약하게 절인다. 절이는 도중에 한 번 뒤집는다.

4 쪽파를 깨끗하게 다듬은 후 약한 소금물에 20분간 살짝 절인 다음, 물에 2번 헹군 후 체에 밭쳐 물기를 뺀다.

5 절인 갓을 물에 두 번 헹구고 물기를 뺀 다음, 이를 큰 용기에 먼저 넣고 그 위에 쪽파를 얹는다.

6 양념장을 얹고 버무린다. 잎으로 간을 보고 액젓으로 간을 짭짤하게 맞춘다.

7 양념에 버무린 갓김치를 김치통에 담고 양념이 잘 배도록 손으로 꼭 눌러준 후 비닐로 덮는다. 담는 대로 김치냉장고에 옮긴다.

재료	
갓	5단
쪽파	2/3단
밀가루	1큰술
양념	
새우젓	1컵
멸치액젓	2컵
고춧가루	3컵
다진 마늘	2/3컵
다진 생강	2큰술

1 갓김치는 김장철에 담아 3~4개월 동안 오래 숙성시켜 늦은 봄에 먹는 김치다. 3개월 이상 숙성을 시켜야하기 때문에 갓김치의 갓은 다른 김치에 비하여 약하게 절여야한다.

2 소금 없이 젓갈하나로 간을 한다. 멸치액젓을 위주로 하고 새우젓은 멸치액젓의 절반만 넣는다.

3 갓김치는 갓의 향을 살려야 하고 숙성기간이 길기 때문에 고춧가루, 마늘, 생강 등을 모두 다른 김치에 비하여 절반만 넣는 것이 좋다.

4 갓김치는 배추김치를 다 먹은 다음에 늦게 먹는 김치라서 김치가 시지 않도록 짭짤하게 간을 하여야한다.

오이소박이

1 굵은 소금을 양손바닥에 묻혀, 오이를 두 손으로 잡고 힘 있게 돌려 비벼, 돌기를 제거한 후 물에 헹군다.

2 물기를 뺀 오이를 입이 넓은 그릇에 담고 물 5ℓ을 펄펄 끓여 부어 오이를 5초간 데친 다음, 물을 따라내고 찬물에 헹군다.

3 새우젓과 생강은 믹서에 갈아 놓는다.

4 끓는 물에 데친 오이 20개 중 1개와 양파는 가늘게 채를 썰어 부추소의 재료로 쓴다.

5 오이의 양끝은 잘라 내고 길이로 2등분 한다. 부추소를 끼워 넣을 수 있

재료	
오이	20개
부추	1단
양파	800g
실파	1/3단
양념	
고춧가루	2.5컵
다진 마늘	1컵
생강	60g
새우젓	3/4컵
소금	0.5컵
매실청	1.5컵

도록 한쪽 끝(2cm)을 남겨두고 십자모양의 칼집을 길게 낸다. 칼집이 닿지 않은 곳에는 간이 배지 않으므로, 칼집을 내지 않은 반대쪽 끝 부분(2cm)에 앞서 낸 칼집과 어긋나게 새로 칼집을 낸다.

6 칼집을 낸 오이를 40분간 소금에 가볍게 절인다음 물에 씻어 놓는다.

7 부추와 실파는 다듬어 깨끗하게 물로 씻어 물기를 뺀 다음, 5~6cm 길이로 썰어 부추소를 만들 그릇에 담는다.

8 부추에 고춧가루를 넣고 버무려 준 다음, 새우젓, 다진 마늘을 넣고 다시 버무린다. 소금으로 간을 맞춘다.

9 칼집을 낸 오이 속에 부추소를 통통하게 끼워 넣고 김치통에 차곡차곡 뉘어 담는다. 남은 부추소는 맨 위에 얹고 위생비닐을 덮은 다음, 꼭꼭 눌러준다.

10 실온에 6시간 두었다가 김치냉장고에 옮긴다.

 **시아버지의 잔소리**

1 오이를 절이지 않고 오이소박이를 담으면 일주일이 채 되기 전에 오이가 물러진다. 오이를 끓인 물에 살짝 데치면 2주가 되어도 오이가 무르지 않는다. 오이를 칼집을 낸 이후에 끓는 물에 데치면 단물이 빠지므로 오이를 데친 후에 칼집을 내어야하고 칼집을 낸 뒤에 절여야한다.

2 부추소에 오이 한 개를 채로 썰어 넣으면 식감이 좋아진다.

3 오이소박이는 간이 싱거우면 맛이 없다. 오이가 덜 절여졌기 때문에 부

추소의 간을 간간하게 하여야 오이에 양념이 배었을 때 간이 맞게 된다. 칼칼한 맛을 내려면 새우젓으로 간을 다 하지 말고 30%는 소금으로 간을 한다.

4 부추김치에는 파와 생강을 넣지 않지만 부추소에는 5월부터 나오는 실파를 썰어 넣고 생강도 갈아 넣어야한다. 그러나 당근은 오이와 부추에 들어있는 비타민 C를 파괴시키므로 넣지 않는 것이 좋다. 풋고추도 부추소에 넣지 않는다.

5 부추김치에는 잎이 연한 소엽부추가 좋지만 오이소박이에 넣는 부추는 잎이 넓고 긴 대엽부추가 좋다.

6 오이를 3~4등분하여 짤막짤막하게 자르는 것보다 2등분하면 부추소가 많이 들어가 오이에 간이 고루 밴다. 십자칼집을 내지 않은 한쪽 끝 부분에도 따로 작은 칼집을 내주면 칼집을 낸 곳으로 간이 스며든다. 칼집을 내지 않고 그대로 두면 칼집을 내지 않은 부위는 간이 배지 않아 싱겁다.

7 오이소박이는 다른 김치에 비하여 빨리 익으므로 기온이 높으면 김치를 담자 바로 김치냉장고에 넣어야한다.

8 부추 대신 무생채에 양파와 배를 썰어 식초와 매실청을 넣고 소금으로 간을 하여 소를 만들어 담으면 백오이소박이가 된다. 새콤달콤하면서 시원한 백오이소박이는 한더위에 제격이다. 백오이소박이를 담을 때는 오이를 끓는 물에 데치지도, 절이지도 않아야하고 부추소에 풀을 되게 쑤어 넣어야한다. 백오이소박이는 일주일이 지나면 오이가 무르고 시어진다.

깻잎김치

재료
낙엽깻잎……1,000장
양념
맛간장…………4컵
고춧가루………1컵
다진 마늘……1.5컵
다진 파………4뿌리

1 깻잎을 물에 씻지 않고 그대로 40장 단위로 가지런히 하여 긴 꼭지를 반쯤 잘라내고 김치통에 차곡차곡 쌓는다. 깻잎 크기에 따라 대, 소로 구분하여 40장 단위로 묶음을 만든다.

2 찬물 4 *l* 에 소금 2컵을 푼 소금물을 김치통에 붓고 깻잎 위에 도자기 접시(2개)를 올려 가볍게 눌러준 다음, 뚜껑을 덮고 3일간 절인다.

3 절여진 깻잎은 묶음채로 꺼내 깻잎이 흐트러지지 않도록 꼭지를 잡고 한 장씩 손으로 젖혀가며, 흐르는 물에 소금기를 가볍게 빼낸다. 묶음 단위로 소쿠리에 세워 물기를 더 빼준다.

4 맛간장 4컵에 고춧가루, 다진 마늘, 다진 파를 넣고 양념장을 만든다. 맛간장에 물을 타지 않아야 김치의 간이 딱 맞다.

5 깻잎을 양손바닥으로 눌러 남아 있는 물기를 빼주고 묶음(40장)을 흐트리지 않은 상태로 찜통에 얹어 7분간 뜨거운 김에 쪄낸다(깻잎의 양이 많

은 경우 2~3번 나누어 찐다). 물이 끓은 다음, 깻잎을 채반에 얹어야하고 가운데를 비우고 두층 높이만 쌓아 찐다.

6 깻잎을 다 찌고 나면 깻잎을 눕혀 세워 물기를 뺀 후 깻잎 2장 단위로 깻잎을 올려 양념장에 무쳐 바른다.

7 양념장을 바른 깻잎은 40장 단위로 작은 김치통에 담아 김치냉장고에 옮겨 냉장 보관한다. 5일이면 깻잎에 간이 고루 배어 맛이 든다.

1 깻잎을 소금에 절일 때는 물에 씻지 말고 그대로 절이고 절인깻잎은 물에 꼭 씻어 소금기를 빼야한다. 물에 씻을 때는 깻잎의 묶음이 흐트러지지 않도록 꼭 잡아야한다.

2 낙엽깻잎이 아닌 파란깻잎으로 김치를 담으면 낙엽깻잎과 같이 잎이 부드럽지 못하고 맛이 덜하다. 들깨를 꺾기 직전 1주일 전 쯤의 연두색 깻잎이 연하면서 향이 짙고 영양분이 많아 깻잎김치 감으로 더 없이 좋다.

3 소금에 절이지 않고 담은 깻잎김치는 깻잎에서 물이 계속 생겨 보관성이 떨어지고 잎이 질기다. 소금물에 3일간 절인 깻잎으로 김치를 담아야 이듬해 늦은 봄까지 가도 맛이 변하지 않는다.

4 깻잎을 채반에 얹을 때는 뜨거운 김이 빠져 나가도록 가운데를 비워두고, 위에 얹는 깻잎과 아래 얹은 깻잎이 어긋나도록 얹어서 쪄야만 깻

잎이 고루 잘 쪄진다.

5 깻잎을 오래 찌면 깻잎이 물러지고 깻잎의 향이 사라진다. 반대로 깻잎을 덜 찌면 잎이 질기고 떫은맛이 가시지 않는다. 깻잎김치는 깻잎을 알맞게 쪄내는 것이 중요하다. 20장을 포개놓았을 경우 강한 불에 7분이 적당하다.

6 깻잎김치에는 액젓은 물론 설탕, 매실청, 들기름을 넣지 않는다. 깻잎의 향을 느끼면서 단백 한맛을 내기 위함이다. 들기름을 넣으면 깻잎이 부드러워지는 느낌이 들지만 오래되면 깻잎에서 쩐내가 난다.

7 낙엽깻잎이 아닌 파란깻잎을 절이지도, 찌지도 않은 상태에서 깻잎에 물기를 털어내고 양념장을 2장단위로 양념을 발라 깻잎김치를 담을 수 있다. 양념장은 맛간장에 다진 마늘, 고춧가루, 청양고추(총총 썬다). 통깨를 넣고 만든다. 파란깻잎김치는 8월 중순에 노지에서 나오는 깻잎이 향이 짙고 쓴맛이 없다.

나박김치

1 풀을 쑬 물 1 ℓ 를 먼저 끓인다. 물이 끓는 동안 밀가루(1/2컵)를 물 1컵에 풀어 물이 끓어오를 때 체에 밭쳐 내린다. 풀을 다 쑤고 나면 생수 3 ℓ 를 부어 풀물의 농도를 맞춘다.

2 풀물에 고춧가루를 풀어야 하는데, 이때 체에 밭쳐 고운고추가루만 내려지도록 수저등으로 으깨가며 풀어준다. 매실청을 넣고 소금을 풀어 간을 맞춘다.

3 배추, 무, 배를 나박하게 썰고 배추는 절이기 전에 깨끗하게 씻은 다음, 소금을 약하게 뿌려 20분간, 무는 30분간 따로 따로 절인다.

4 절인 배추는 물에 씻은 다음 풀물에 넣고, 절인 무는 절이면서 생긴 물까지 그대로 풀물에 넣는다. 마늘은 편으로 썰고, 쪽파는 3cm길이로 잘라 넣는다. 홍고추는 0.3cm 두께로 가늘게 채를 썰어 넣고, 마지막

재료	
배추	1/4 포기
무	300g
배	1개
밀가루	1/2컵
양념	
소금	1/2컵
고춧가루	2/3컵
마늘	4쪽
생강즙	
홍고추	2개
쪽파	
매실청	1컵

으로 배를 집어넣는다. 생강은 즙을 내어 10여 방울 떨 다.

5 실온에서 12~14시간 충분하게 익힌 후 냉장 보관한다.

1 풀물은 되게 쑤어 야채 절인 물에 찬물을 타는 것이 편하다.

2 배추와 무 같은 야채는 소금물에 약하게 절여 담아야 한다. 야채를 소
금물에 절이면 단물이 덜 빠지고 야채에 간이 배어 씹을 때 뒷맛이 느
껴진다.

3 나박김치나 돌나물김치 같은 물김치는 김치냉장고에 집어넣을 때 간을
다시 확인하여야한다. 나박김치는 간을 약하게 하여야한다. 간이 짜면
익으면서 국물에 쓴맛이 생긴다.

4 절인 무는 물에 씻으면 물에 넣는 순간 단물이 빠진다. 그러나 절인 배
추는 반드시 물에 씻어야한다. 물에 씻지 않으면 배추에서 쓴맛이 생긴
다. 무를 절이면서 생겨난 물은 절대로 버리지 말고 무와 함께 사용하
여야 한다. 배추를 절여 씻는 것은 배추김치를 담을 때와 똑같고 절인
무를 물에 씻지 않는 것은 깍두기를 담을 때와 똑같다.

5 나박김치에 오이는 넣어도 좋지만 당근은 넣지 않는다. 오이를 끓는 물
에 데쳐 약하게 절이면 오이에서 물이 덜 생긴다.

6 나박김치에 마늘을 다져 넣으면 국물이 탁해지므로, 마늘을 얇은 편이
나 채로 썰어 넣는 편이 낫다.

돌나물물김치

1 물 3컵을 먼저 끓인다. 밀가루를 물 1컵에 풀어 물이 끓어오르면 집어넣는다. 풀을 다 쑤고 나면 생수 5 *l* 를 넣고 풀을 으깨준다.

2 미나리는 끝부분을 잘라내고 중간에 붙은 잎을 훑어내어 깨끗하게 다듬고 물에 헹군 다음, 4~5cm 길이로 자른다.

3 돌나물은 찬물에 4~5번 가볍게 씻어 헹군 다음, 소금물에 30분간 절여 체에 밭쳐 물기를 빼놓는다.

4 양파는 길이를 짧게 하여 채를 썰어 놓는다.

5 풀물에 고춧가루를 풀고 체에 밭쳐 내린다. 고운물만 내려지도록 수저 등으로 뭉친 덩어리를 으깨가며 풀어준다. 풀물에 매실청을 넣고 소금으로 간을 한 다음, 다진 마늘과 생강을 넣고 섞는다.

6 양파, 돌나물, 미나리를 김치통에 담은 뒤 풀물을 붓고 훌훌 섞는다.

7 실온에 24시간 익힌 후, 김치냉장고에 옮겨 2일 간 숙성시킨다.

재료	
돌나물	600g
돌미나리	1/3단
양파	200g
밀가루	3/4컵
양념	
고춧가루	1컵
다진 마늘	2/3컵
소금	3/4컵
생강	60g
매실청	1.5컵

1 돌나물에 손이 많이 가면 풋내가 열무보다 심하므로 돌나물을 헹굴 때는 조심스럽게 다루어야한다. 돌나물은 잡티가 많아 여러 번 헹구어야 하므로 위생장갑을 끼면 효과가 있다.

2 돌나물은 소금물에 살짝 절여 담으면 쉬 무르지 않고 나물의 색깔이 변하지 않는다. 미나리는 절이지 않고 그대로 넣는다.

3 미나리는 김치를 빨리 익게 하는 성분이 있으나 고유의 향이 짙은 돌미나리는 물김치에 넣으면 좋다. 그러나 오이는 넣지 않는 것이 좋다. 물김치를 빨리 익게 한다.

4 매실청을 넣으면 단맛이 생기고 김치를 더디 익게 하는 효과가 있어 매실청은 돌나물김치에 넣는 것이 좋다.

5 돌나물물김치는 열무물김치에 비하여 빨리 익는다. 기포가 생기기 전에 김치냉장고에 넣어야한다.

6 돌나물은 칼슘함양이 배추의 5배에 달할 정도로 칼슘이 많은 나물이다. 돌나물을 많이 집어넣으면 넣을수록 김치국물이 맛이 난다.

7 중부지방을 기준하여 돌나물김치를 담을 수 있는 기간은 4월 하순부터 5월 중순까지 한 달이 채 되지 않는다.

내가 만드는 음식들이 비록 평범하게 보이지만 막상 제대로 하려면 쉽게 넘어가
는 것이 별로 없다. 오히려 음식의 맛을 내는 데 있어서는 전문요리에 비하여 여
간 까다로운 것이 아니었다. 어렵고 까다로운 것들이 내게는 호기심을 더 갖게 하
더니 어느 순간부터 내가 느낀 감동을 누구에게 전해주고 싶은 충동이 생겨나게
되었다.

2
PART
국

콩나물국

1 마늘은 얇게, 대파는 어슷하게 썰어 놓는다.

2 물 1.8 l 에 콩나물을 넣고 5분간 끓인다.

3 새우젓 또는 소금으로 간을 한다.

4 국이 끓어오르면 대파, 마늘을 넣고 3분간
   더 끓인다.

5 청양고추는 총총 썰어 국위에 얹는다.

재료	
콩나물	100g
대파	1뿌리
양념	
새우젓	1작은술
고춧가루	1작은술
마늘	2알
청양고추	2개

1 콩나물국은 단백하고 시원하게 끓여야한다. 콩나물을 덜 끓이면 비린

콩나물을 덜 끓이면 비린 맛이 있고
지나치게 끓이면 콩나물이 질겨진다.

맛이 있고 지나치게 끓이면 콩나물이 질겨진다.

2 새우젓으로 간을 하여도 국이 시원하고 감칠맛이 난다. 새우젓의 비린 맛이 거슬리면 소금으로 간을 하면 된다. 감칠맛은 떨어지지만 국이 더 시원하다.

3 콩나물국에 새우젓 한가지로 감칠맛까지 내기는 어렵다. 감칠맛을 내려면 냉동새우, 바지락, 물오징어 같은 해산물 중 두세 가지 를 넣고 새우젓으로 간을 하면 감칠맛이 상당하다.

4 청양고추(2개)는 국을 끓일 때 넣지 말고 국을 그릇에 담은 다음, 위에 얹으면 한결 개운한 맛이 난다.

5 바지락은 4월말부터 5월말까지 알이 차있을 때 나는 바지락이 최고다. 바로 깐 신선한 조갯살을 구입하여 물에 한번 씻고, 호일 위에 얇게 펴 공기가 통하지 않도록 꼭 싸맨 후 냉동실에 하루 동안 꽁꽁 얼린 뒤, 1회 분량씩 잘게 쪼개 비닐주머니에 담아 냉동 보관해두었다가 필요할 때 쓰면 편리하다.

김치국

1 김치와 물오징어를 잘게 썰어 놓는다.

2 김치와 국멸치를 냄비에 넣고 적정 분량의 물을 부어 김치가 80% 익을 때까지 20분간 끓인다.

3 김치가 거의 익어 갈 무렵 콩나물, 다진 파, 물오징어, 고춧가루를 집어넣고 5분간 끓이다가, 새우젓으로 간을 하고 2, 3분간 더 끓인다.

재료

김치············200g

콩나물

물오징어······ 1 마리

대파

양념

새우젓········1작은술

고춧가루······1작은술

국멸치········· 30g

1 김치국은 김치가 국 맛을 좌우한다. 콩나물이 준비되어 있지 않으면 맛있는 김치에 국멸치 하나만 넣고 끓여도 국 맛이 좋다. 거기에 물오징어를 썰어 넣으면 시원한 국물 맛과 감칠맛이 입맛을 돋운다.

2 김치찌개에는 묵은 김치가 좋지만 김치국에는 햇김치가 낫다. 햇김치

로 끓여야 국물이 시원한 맛이 있다.

3 김치에는 마늘, 고춧가루, 대파가 들어있지만, 국에 고춧가루와 대파는
다시 넣어야 국 맛이 한결 좋아진다. 고춧가루는 김치의 색깔을 보아가
며 얼마나 넣을지를 정한다.

4 물오징어를 준비하지 못한 경우에는 쇠고기(양지)를 잘게 썰어 넣어도
좋다. 그러나 김치국에 돼지고기는 넣지 않는다.

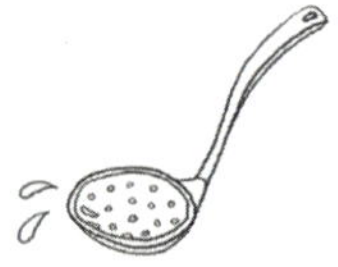

미역국

1 미역을 20분간 물에 불려 거품이 나오지 않을 때까지 손으로 씻은 후 적당한 크기로 자른다.

2 자른 미역은 손으로 꼭 차 물기를 빼고 집간장과 참기름을 넣고 조물조물 무친다.

3 쇠고기는 적당한 크기로 썰어 소금, 참기름, 후춧가루를 넣고 조물조물 무쳐 재운다.

4 큰 냄비를 달군 다음, 참기름을 넉넉하게 두르고 간을 하여 재운 쇠고기를 2분간 센 불에 먼저 볶는다.

5 쇠고기의 표면이 익으면 미역을 넣고 3분간 함께 볶는다.

6 여기에 물 3.5 *l* 을 붓고 센불로 20분간 끓이다가, 미역이 우러나도록 불을 중간으로 줄이고 40분간 끓인 후, 집간장으로 간을 약하게 맞추고 20분간 더 끓인다. 마지막으로 다진 마늘과 참기름을 넣고 소금으로 간을 맞춘 다음, 불을 올려 5분간 펄펄 끓인다.

재료	
마른미역	60g
쇠고기(200g) 또는 해산물(성게, 홍합, 키조개, 전복)	
양념	
집간장	3/4컵
참기름	1큰술
소금	

1 미역국은 미역이 결정적으로 맛을 좌우한다. 미역에는 30분 이상을 불려도 잘 불려 지지 않는 재래식 미역이 있는가하면, 불리는데 채 10분도 걸리지 않는 무른 미역이 있다. 오래 끓여도 무르지 않는 미역이 좋은 미역이다.

2 미역과 쇠고기는 끓이기 전에 센 불에 충분하게 볶아내야 미역국을 오래 끓이더라도 미역과 쇠고기가 쉽게 풀어지지 않는다.

3 미역국의 간은 집간장으로 하는 것이 원칙이지만, 감칠맛을 내기 위하여 집간장과 액젓을 반반씩 섞어 간을 하기도 한다. 간은 미역을 다 끓이고 나서 하여야한다. 간을 처음부터 하면 미역이 뽀얗게 우러나지 않는다.

4 미역국에 파는 넣지 않지만 마늘은 넣으면 좋다.

5 미역은 은근한 불에 1시간 이상을 푹 끓여야 미역이 다 우러나 깊은 맛이 있고 미역의 떫은맛이 사라진다.

6 미역국을 끓일 때 원칙적으로 들깨가루는 넣지 않는다. 그러나 전복과 같은 해산물을 넣고 미역국을 끓일 때는 곱게 빤 들깨가루를 넣고 끓이면 좋다. 이때 들깨가루는 처음부터 넣는다.

7 쇠고기 대신 홍합, 키조개, 성게와 같은 해산물로 미역국을 끓일 경우에는 해산물을 마지막에 넣어 10분간 끓인다. 전복은 처음부터 껍질 채로 넣고 끓인다.

8 미역국, 시금치국, 된장찌개와 같은 국이나 찌개의 감칠맛을 내는 데에는 모시조개나 키조개만한 것이 없다. 키조개를 손질하여 작게 썰어 밀봉하여 냉동 보관하였다가 미역국이나 아욱국에 넣으면 좋은 조미료가 된다.

해산물을 준비하지 못한 경우에는 액젓을 조금 넣으면 감칠맛이 난다.

9 홍합의 경우는 홍합을 끓여 낸 국물을 물 대신 넣고 홍합의 살을 떼어 내어 미역국에 마지막으로 넣는다. 홍합은 독성분 때문에 봄철에는 사용하지 않는다.

굴미역국

재료 마른미역(50g), 무(200g), 굴(200g), 청양고추(1개), 멸치(20g), 다시마

양념 집간장(1/2컵), 소금(1작은술), 참기름

1 물 2.5ℓ 에 멸치와 다시마를 넣고 다싯물을 낸다. 멸치는 물이 끓고 나서 넣고, 다시마는 처음부터 넣고 끓이다가 7분 뒤에 건져낸다.

2 미역을 20분간 불려 씻은 후, 미역국을 끓일 때보다는 잘게 자른다.

3 무는 무생채의 2배 굴기로 길이는 5cm 정도로 짤막하게 채를 썰어 놓는다.

4 굴은 물에 한번 씻어 체에 밭쳐 물기를 빼놓는다.

5 큰 냄비를 달군 뒤에 참기름을 넉넉하게 두르고 무채와 미역을 함께 넣고 3분간 센 불에 볶는다.

6 여기에 끓인 다싯물을 붓고 30분간 끓인다.

7 굴을 넣기 전에 집간장과 소금으로 간을 먼저하고 5분간 더 끓인다. 굴을 넣고 끓이다가 굴이 위로 모두 떠오르면 불을 내린다. 굴이 떠오르기 직전에 청양고추를 송송 썰어 넣는다.

1 굴미역국의 경우 미역국에 비하여 미역은 반쯤만 넣고 무를 많이 넣는다. 미역은 미역국을 끓일 때보다 잘게 찢어 넣는다.

2 다싯물로 국물 맛을 이미 냈기 때문에 미역국과 같이 오래 끓이지 않아도 된다.

3 무가 충분히 우러나도록 무를 처음부터 미역과 함께 넣고 끓여야한다.

4 굴은 마지막에 넣고 잠깐 끓여주면 된다. 굴이 끓는 물 위로 떠오르면 다 익은 것이다.

5 양식굴이 제철인 겨울에 무를 썰어 넣고 끓인 굴미역국은 겨울철 음식의 하나다. 감칠맛이 나면서 국이 시원하다.

쇠고기무국

1 물 2 *l* 에 알마늘과 길게 자른 대파(뿌리포함)를 넣고 끓인다. 물이 끓어오르면 쇠고기(양지머리) 덩어리를 넣고 40분간 중불에 삶는다. 처음 10분간은 뚜껑을 열어 놓고 뜨는 기름은 건져낸다.

2 대파와 마늘은 건져내고 삶은 쇠고기는 건져 적당한 크기로 썰거나 찢어 고기 삶은 물에 다시 집어넣는다.

3 무는 왼손으로 무를 잡아들고 칼로 얇게 삐져 넣는다. 20분간 끓이다가 집간장과 소금으로 반반씩 간을 한 다음, 다진 파를 넣고 10분간 중불로 더 끓인다.

재료	
쇠고기	300g
무	300g
대파	
양념	
집간장	1/2컵
소금	1작은술
알마늘	6개

1 쇠고기의 단물이 충분히 빠지도록 하려면 쇠고기를 먼저 삶아 내야한
다. 쇠고기를 삶지 않은 상태에서, 쇠고리를 잘게 썰어 무와 함께 참기
름에 볶아낸 뒤에 물을 부어 끓이면, 간편하게 끓일 수 있지만 국물의
맛은 쇠고기를 삶아 끓였을 때와 차이가 있다. 만약 끓일 무국의 양이
적을 때는 간편한 방법을 쓴다.

2 쇠고기 대신 느타리버섯을 넣어 무국을 끓이면 버섯의 향과 무의 단맛
이 어우러져 무국의 진미를 맛볼 수 있다. 이런 버섯무국을 끓일 때에
는 참기름에 무만 넣고 볶다가 물을 부을 때 버섯을 집어넣는다.

3 맑고 시원한 쇠고기무국을 끓이려면 고춧가루 없이 소금 한 가지로 간
을 한다.

4 무국은 가을에 저장한 김장무로 겨울에 끓인다. 무를 나박하게 써는 것
보다 칼로 삐져 넣으면 무의 단물이 더 잘 우러난다.

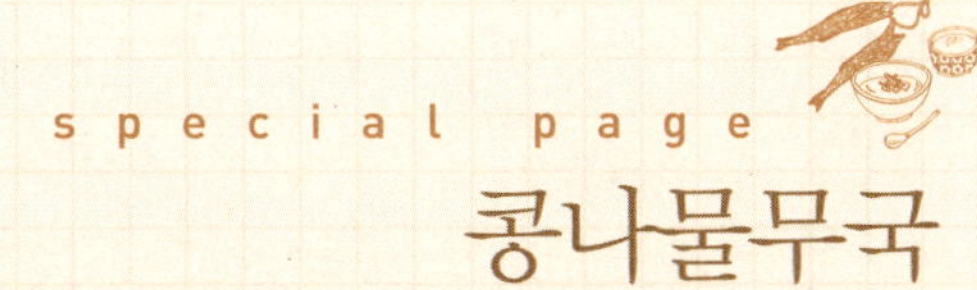

무국을 맑게 끓여도 되지만 콩나물, 고춧가루를 넣고 끓여도 시원한 무국
을 끓일 수 있다. 이때는 소금을 넣지 말고 집간장으로 간을 한다.

탕국

1 먼저 물(3ℓ)에 다시마를 큼직하게 썰어 넣고 끓인다. 물이 끓어오르면 큼지막하게 자른 쇠고기 덩어리를 넣고 끓인다. 올라오는 기름은 거름망으로 걷어내고 뚜껑을 덮는다.

2 다시마는 10분정도 끓인 후 바로 건져내고 집간장으로 간을 맞춘 다음, 잘게 찢은 오징어와 황태, 나박하게 썰어 놓은 무를 함께 넣고 쇠고기가 푹 익을 때까지 40분간 더 끓인다.

3 쇠고기가 다 익으면 건져내 잘게 찢어 다시 집어넣는다.

4 마지막으로 두부, 편마늘을 넣고 10분간 더 끓인다.

재료	
쇠고기	250g
황태	
무	300g
마른오징어	1마리
두부	1모
다시마	
양념	
집간장	2/3컵
편마늘	5알
참기름	1큰술

1 탕국에는 고춧가루와 대파를 넣지 않고 간은 집간장 하나로 한다.

2 마른 오징어는 비린내가 전혀 나지 않으면서 시원한 맛을 낸다. 오징어 대신 마른 문어도 괜찮다. 서로 다른 맛이 있다.

3 북엇국이나 탕국과 같은 맑은 국에는 마늘을 편으로 썰어 넣어야 국이 깔끔하다.

4 탕국은 약한 불에 1시간이상 끓여야 깊은 맛이 있다.

아욱국, 시금치국, 근대국

1 아욱줄기의 밑동을 조금씩 꺾어가며 껍질을 벗겨낸다.

2 아욱을 물에 깨끗이 씻은 다음, 굵은 소금으로 아욱을 바락바락 주물러 파란 진액을 빼낸다(시금치국: 시금치는 깨끗이 다듬어 찬물에 씻어 놓는다).

3 물 2 *l* 에 된장(2/3컵)을 풀어 국간을 심심하게 맞춘 다음, 감자를 굵게 썰어 넣고 국멸치, 우렁이, 마른새우를 넣고 감자가 70% 익을 때까지 15분간 끓인다.

4 감자가 다 익기 전에 아욱(또는 근대), 다진 마늘, 고춧가루, 다진 파를 함께 넣고 10분간 더 끓인다(시금치국: 감자가 완전하게 익도록 25분간 끓여준 다음, 시금치를 넣고 뚜껑을 덮지 않은 상태에서 5분정도 휘 저가며 시금치를 살짝 익힌다).

재료	
아욱(시금치, 근대)	
감자	200g
국멸치	50g
해산물(100g, 우렁이, 조갯살, 키조개, 마른새우, 냉동새우 중 하나)	
대파	1뿌리
양념	
된장	2/3컵
고춧가루	1큰술
다진 마늘	1큰술

1 시금치는 근대나 아욱과 같이 그대로 넣고 끓여야 들척지근한 단맛이 그대로 산다. 국을 끓이기 전에 시금치를 데쳐내면 데치는 순간 단물이 상당부분 빠진다.

2 우렁이와 멸치는 된장이 들어가는 찌개나 국 모두와 잘 어울린다. 된장 국의 감칠맛을 내려면 마른새우나 냉동새우가 좋으며 키조개나 조갯살 은 더 좋다. 조개류는 마지막에 넣고 3분간 끓인다.

3 아욱의 줄기가 굵다고 꺾어 버리지 말고, 국에 넣어 10분 이상 푹 끓여 야한다. 그 정도 끓여야만 줄기에서 아욱의 단물이 우러난다.

4 특히 가을 아욱국이 일품이다. 가을 아욱국은 대문을 걸어 잠그고 먹었 다는 옛말이 있을 정도다.

5 근대국은 아욱국에 비하여 끓이기가 간편하면서 맛과 영양에서 뒤지지 않는다. 무기질과 비타민 A가 풍부한 근대는 시금치와 함께 전 세계적 으로 인정받는 건강식품이다. 미국 시사주간지 뉴욕타임지가 10대 웰 빙식품으로 시금치를 2002년도에 선정하였으며, 2010년에는 근대를 10대 웰빙식품으로 선정한 바 있다. 정어리, 양배추, 근대, 블루벨리, 석류, 말린자두, 호박, 호박씨 등이 2010년에 10대 웰빙식품으로 선정 된바 있다.

배춧국

1 배추를 한 잎씩 떼어 깨끗하게 씻은 후, 긴 줄기는 길이로 2등분한다.

2 물 2 *l* 에 된장 3큰술을 푼 다음, 국멸치, 우렁이, 마른생우(냉동새우)를 넣고 10분 동안 끓인다.

3 거기에 배추를 넣고 20분간 더 끓인 다음, 멸치는 건져내고 다진 마늘, 고춧가루, 다진 파를 넣고 소금으로 최종 간을 한 다음, 2분간 더 끓인다.

재료	
배추	반포기
대파	
양념	
된장	3큰술
국멸치	
우렁이	
마른새우	
다진 마늘	
고춧가루	
소금	

1 배추를 많이 넣어야 배추에서 우러나는 단물이 국 맛을 낸다.

2 배추를 20분 이상 끓이면 배추의 단물이 빠지므로 된장을 풀어 10분간 된장을 먼저 끓여준 다음, 배추를 집어넣고 배추는 20분 간 끓인다.

3 배춧국, 시금치국, 아욱국, 근대국은 된장을 풀어 넣고 끓이는 된장국이다. 된장으로 완전히 간을 하고 간이 싱거울 때는 소금으로 간을 맞춘다. 국물에 비하여 된장을 적게 풀었기 때문에 국을 30분 정도 끓여도 떫은 맛이 생기지 않고 배추의 단물과 어우러져 담백하고 깊은 맛이 있다.

4 배춧국에는 해산물은 넣지 않고 국멸치 하나만 넣고 끓여도 국물이 담백하고 맛이 있다. 고추장을 조금 넣고 끓여도 좋다. 고추장을 넣을 경우에는 맨 뒤에 넣고 5분정도 끓여야 국물이 텁텁하지 않다.

북엇국

1 달군 냄비에 들기름을 넉넉하게 두른다.

2 큼직하게 찢어 놓은 북어와 무를 나박하게 썰어 넣고 중간 불로 들기름에 3분간 볶는다.

3 여기에 물 2 l 를 붓고 15분간 끓인 후 두부와 다진 마늘을 넣는다. 국이 다시 끓어오르면 새우젓으로 간을 맞춘 다음, 5분간 더 끓인다.

4 다진 파를 넣고 불을 줄인다. 3분 후 미리 풀어 놓은 달걀을 넣고 휘저은 후 잘게 썰어 놓은 청양고추를 넣고 불을 끈다.

재료	
북어	50g
무	250g
두부	1모
달걀	1개
대파	1뿌리
양념	
새우젓	2큰술
다진 마늘	1큰술
들기름	2큰술
청양고추	2개

1 북엇국의 맛은 북어와 새우젓이 좌우한다. 겨우내 고산지역의 덕장에서 찬바람에 얼었다 녹기를 반복하여 얼말린 황태로 끓여야 제 맛이 난다. 북어는 물에 불리거나 물에 씻지 말아야한다. 기름에 바로 볶아 낸 뒤에 물을 넣고 끓여야 북어가 풀어지지 않는다. 북어를 참기름에 볶든 들기름에 볶든 다 좋지만 가을이나 겨울에는 들기름에 볶는 것이 낫다.

2 북어는 잘게 찢는 것보다 큼직하게 찢는 것이 낫고, 간은 소금이나 집간장에 비하여 새우젓으로 하는 것이 낫다. 그렇지만 처음부터 새우젓을 넣고 끓이면 시원한 맛이 덜하고 간맞추기가 어렵다.

3 북엇국에는 두부를 썰어 넣고 끓이고, 콩나물까지 넣으면 시원한 '콩나물북어국'이 된다. 콩나물이나 두부는 다진 파를 넣기 전에 먼저 넣고 콩나물이 익을 정도로만 끓이면 된다.

4 청양고추를 넣으면 북엇국이 한결 개운하다. 청양고추는 국에 집어넣고 끓이는 것이 아니라 국을 다 끓이고 나서 넣든가 국을 뜨고 나서 국 위에 얹는다. 처음부터 청양고추를 넣고 끓이면 국물에서 쓴맛이 생긴다.

매생이국

재료
매생이·········600g
굴·············100g
양념
새우젓·········1큰술
참기름········1작은술

1 매생이는 물에 흔들어 씻은 후 체에 밭쳐 물기를 뺀 후, 손으로 가볍게 짜 물기를 최대한 줄인다.

2 큰 냄비에 참기름을 넉넉하게 두르고 매생이를 약한 불에서 3분간 볶는다.

3 물은 다른 국에 비하여 1 *l* 정도로 적게 잡고 중불로 5분정도 끓인 후 새우젓으로 간을 한다.

4 굴을 넣고 3분간 더 끓인다.

1 매생이를 볶지 않고 바로 끓이면 매생이가 퍼지므로 반드시 참기름에 볶은 뒤에 끓여야한다.

2 매생이국에 마늘과 파를 넣으면 마늘과 파의 강한 향이 매생이의 고유한 향을 가려 국 맛을 떨어뜨리므로 그 어느 것도 넣지 말아야한다.

3 매생이를 참기름에 볶더라도 오랫동안 끓이면 매생이가 풀어지므로 매생이국은 8분 이상 끓이지 않는 것이 좋다. 굴 역시 오래 끓이면 물러지므로 3분만 끓여 굴을 살짝 익히면 된다.

4 새우젓으로 간을 하면 새우젓이 매생이의 향과 잘 어우러져 감칠맛이 있다. 새우젓 대신 소금으로 간을 하여도 좋다. 소금으로 간을 하면 감칠맛이 덜한 반면 단백한 맛이 있다.

5 굴 껍질이 국에 들어가지 않게 굴을 소금물로 씻을 때 굴 껍질이 있는지 잘 살펴야한다.

쑥국

1 쑥을 깨끗이 다듬어 찬물에 여러 번 헹군 후 물기를 뺀다.

2 생콩가루를 쑥에 넣고 버무린다. 생콩가루가 준비되어 있지 않으면 노란콩을 물에 씻어 물기가 없는 상태에서 믹서에 갈아 넣는다.

3 물 1.5 *l* 에 멸치와 다시마로 육수를 만든다.

4 멸치와 다시마를 건져내고 된장을 풀어 10분간 끓인다. 싱거우면 중간에 집간장으로 간을 맞춘다.

5 콩가루를 입힌 쑥과 다진 마늘, 다진 파를 끓는 국에 넣고 뚜껑을 열은 상태에서 끓인다. 국이 끓어오르면 조갯살을 넣고 3분간 더 끓인다.

재료	
쑥	150g
조갯살	60g
멸치	15g
다시마	
생콩가루	1/3컵
대파	1뿌리
양념	
집간장	1큰술
된장	1/2컵
다진 마늘	1큰술

1 조갯살 대신 쇠고기를 넣고 끓여도 좋다. 쇠고기를 넣을 때는 참기름과

쑥에 콩가루를 많이 입히면
쑥의 향이 가려지므로
콩가루를 살짝 입힌다.

다진 마늘을 넣고 양념을 한 다음, 식용유에 볶아낸 뒤 육수를 넣고 끓인다.

2 쑥에 콩가루를 많이 입히면 쑥의 향이 가려지므로 콩가루를 살짝 입힌다.

3 쑥국은 시금치국과 같이 5분 정도 짧게 끓여야 쑥의 향기가 살아난다. 오래 끓여 쑥이 물러지면 맛이 없다. 냉이국도 마찬가지다.

4 3~5월에는 도다리(생선)가 새살이 차올라 제철을 맞는다. 땅을 뚫고 갓 올라온 쑥과 도다리를 넣어 쑥국을 끓이면 봄철의 별미다. 무를 썰어 넣고 물을 팔팔 끓이다가 손질한 도다리를 넣고 파, 마늘, 풋고추를 넣고 끓인다. 도다리 살이 하얗게 익어갈 때쯤 쑥을 한 움큼 넣고 소금으로 간을 한다. 된장으로 간을 하여도 좋다. 된장으로 간을 할 때는 된장을 처음부터 풀어 끓인다.

쑥버물이

1 다듬은 쑥을 물에 씻은 후 물에 헹구어 물기를 뺀 다음, 물기를 탁
  탁 털어낸다. 물기가 있으면 쑥버물이가 질척해진다.

2 멥쌀가루를 쑥 위에 뿌리고 손가락으로 들어 올리며 버무린다. 멥
  쌀가루는 쑥의 양에 맞추어 부족한듯이 넣는다.

3 물이 끓으면 찜기에 올려 10분간 찐다. 쑥을 한꺼번에 많이 올려
  쌓으면 질어지므로 양이 많을 경우에는 2~3번 나누어 찐다.

4 면포로 쑥을 덮어주면 떨어지는 수증기를 잡아주어 쑥버무리가
  질척해지는 것을 막아준다.

오이미역냉국

재료
오이················1개
냉국용 미역 ···· 50g
다시마·········한 쪽

양념
맛간장··········3큰술
다진 마늘 ······1큰술
고춧가루······1작은술
통깨··········1작은술
참기름···· 또는 들기름
매실청·········· 반컵
식초
소금

1 굵은 소금을 손에 묻혀 오이를 손으로 비벼 찬물에 씻은 다음, 가늘게 채를 썬다. 미역은 물에 담가 20분간 불려 적당한 크기로 썰어 놓는다.

2 맛간장에 다진 마늘, 고춧가루, 참기름, 통깨, 식초를 넣어 양념장을 만든다.

3 찬물(2ℓ)에 다시마를 넣고 중불로 8분간 끓이다가 다시마를 건져 식혀 놓는다.

4 오이와 미역은 서로 다른 그릇에 담고, 미역부터 양념장을 넣고 짭짤하게 조물조물 무친다. 10분 뒤에 오이채도 같은 방법으로 무친다. 오이는 20분간, 미역은 30분간 간이 배도록 둔다.

5 오이와 미역을 한 그릇에 합친 다음, 식혀 놓은 다싯물과 매실청을 넣고 소금으로 간을 맞춘다.

1 오이의 껍질은 굵은 소금으로 비벼주거나 칼로 껍질을 80% 벗긴다. 오이는 절이지 않는다.

2 양념장을 소금으로 간을 하면 냉국이 맑아지지만 맛간장을 넣었을 때와 같은 맛은 나지 않는다.

3 물에 불려도 미역은 오이와 같이 양념이 잘 배지 않는다. 오이와 미역은 간이 배는 속도가 서로 달라 따로 양념을 하여야 하며 간이 비슷하게 배도록 미역부터 간을 한다.

4 미역냉국에 참기름을 꼭 넣어야 맛이 나고 고춧가루도 넣었을 때가 더 맛있다. 미역냉국에 풋고추는 넣지 않지만 양파는 넣어도 된다. 양파의 매운맛이 미역냉국의 맛을 떨어트릴 수가 있으므로 양파를 넣을 때는 맵지 않은 양파를 골라야하고, 채는 가늘게 썰어 하며 오이와 함께 간을 미리 해 두어야한다.

5 다싯물을 만들어 쓰면 한결 감칠맛이 있다.

6 예전에는 냉국용 미역이 따로 없었고 미역에서 뜬 연한미역 잎을 끓는 물에 살짝 데쳐 사용했으나, 요즈음에는 냉국에만 쓰는 냉국용 미역이 별도로 나와 있다. 일반 미역에 비하여 부드럽기 때문에 끓는 물에 데치지 말아야한다.

7 냉국이나 콩국에 얼음을 띄우면 국물이 싱거워지므로 살얼음이 얼 정도로 냉국을 냉동실에 1시간정도 두었다가 낸다.

미역냉국에 참기름을 꼭 넣어야 맛이 나고
고춧가루도 넣었을 때가 더 맛있다.

오이냉국

1 미역 대신 양파(200g)와 오이(1개)를 채를 썰어 미역냉국에서와 같이 만든 양념장(맛간장, 고춧가루, 다진 마늘, 참기름, 설탕, 매실청, 식초)에 짭짤하게 간이 배도록 무쳐 20분간 재운다.

2 다싯물을 만들어 붓고 소금으로 간을 맞춘다.

육개장

1 쇠고기가 잘 익도록 네 개로 토막을 내어 깨끗하게 씻은 다음, 찬물에 10분간 피물을 뺀다. 들통에 물(8 *l*)이 끓어오르면 쇠고기와 대파 2뿌리를 크게 썰어 넣고 삶는다. 처음 5분간은 뚜껑을 열어 놓고 떠오르는 거품을 걷어낸다. 불을 중간으로 줄이고 뚜껑을 덮고 약 40분간 삶은 후 쇠고기를 건져내고 육수는 식혀 면포에 거른다.

2 집간장에 다진 마늘, 고춧가루를 넣어 양념장을 만든다.

3 마른 토란대는 끓는 물에 5분간 삶아 그물에 1시간 반 불리고 마른 고사리는 마른 고사리 삶는 방법(41)에 따라 물에 불려 삶은 후 다시 불린다. 삶은 토란대는 고사리 굵기와 비슷하도록 반으로 배를 가르고 7cm 길이로 자른다. 고사리는 토란대의 길이와 비슷하도록 이등분한다. 고사리와 토란대는 손으로 꼭 짜서 물기를 빼주고 무침그릇에 따로

재료	
쇠고기	800g
삶은 토란대	350g
숙주나물	150g
삶은 고사리	300g
무	400g
생표고버섯	100g
양념	
집간장	2컵
다진 마늘	2큰술
대파	3뿌리
고춧가루	2큰술
참기름	1작은술

담아 양념장을 넣어 각각 무친 다음, 참기름을 넣고 다시 무쳐 간이 배도록 20분간 각각 재운다.

4 삶은 쇠고기는 결대로 길게 손으로 찢어 그릇에 따로 담아 양념장에 무친다.

5 냄비에 무를 굵게 비저 넣고 고춧가루를 입힌다. 고춧가루가 무에 잘 입혀지도록 20분정도 기다린 후 중간 불로 식용유를 조금 넣고 무를 2분간 볶은 다음, 육수가 담긴 들통에 넣고 먼저 끓인다.

6 펄펄 끓으면 불을 조금 줄이고 20분간 끓인 후, 쇠고기, 토란대, 고사리를 넣고 20분간 더 끓인다. 버섯(0.5cm 굵기로 썰음)과 대파(대파는 다지지 않고 6cm 길이로 잘라 2등분 한다)를 넣고 집간장으로 간을 한 다음, 5분간 끓인다. 고춧가루를 2큰술 더 넣는다.

7 간을 확인하고 숙주나물을 넣고 5분간 끓인다. 간은 소금으로 조절한다.

시아버지의 잔소리

1 육개장에 넣을 쇠고기는 양지나 사태가 좋다. 사태는 10분정도 더 끓여야 하고, 양지는 기름이 있어 끓일 때 기름을 걷어 내야한다.

2 쇠고기는 처음부터 찬물에 넣고 끓이면 핏물이 나와 국물이 탁해진다.

3 숙주나물, 대파, 표고버섯은 양념을 하지 않은 채 그대로 넣어야한다. 숙주나물을 생채로 넣어야 숙주나물에서 나오는 단물이 육개장의 시원한 맛을 더해준다.

4 쇠고기, 고사리, 토란대는 양념에 재웠다 끓여야 쇠고기와 야채에 간이 배고, 간이 배어야 맛이 있다.

5 숙주나물은 육개장을 상에 올리기 바로 직전에 넣는 것이 좋다.

6 육개장에 무를 넣으면 무에서 단물이 나와 국물이 시원하다.

무는 두툼하게 썰어 고춧가루를 입혀 식용유를 조금 넣고 볶은 후에 끓여야 고춧가루물이 잘 들고 무가 무르지 않는다.

7 쇠고기를 끓일 때 뚜껑을 덮으면 국물이 탁해지므로 처음 5분간은 뚜껑을 열어 놓고 기름을 걷어낸다. 육개장을 조금 끓일 때는 쇠고기를 삶지 않고 잘게 썰어 양념(집간장, 고춧가루, 다진 마늘)에 무친 다음, 무와 함께 볶아서, 물에 넣고 끓인다. 그러나 육개장을 많이 끓일 때는 쇠고기를 미리 삶는 것이 좋다.

8 육개장은 쇠고기, 고사리, 토란대가 맛을 좌우한다. 삶아놓은 고사리나 토란대를 쓰는 것보다 잘 마른 토란대와 고사리를 직접 삶아 쓰는 것이 좋다.

9 토란대, 고사리, 버섯, 숙주나물을 오래 끓이면 물러져 식감이 떨어진다. 토란대와 고사리는 삶아진 상태에 따라 국에 넣는 시점을 판단하여야 한다. 고사리가 토란대보다 말랑하면 토란대를 먼저 끓여 삶은 정도가 비슷해지도록 한다.

10 쇠고기 대신 삶은 닭고기를 쓰면 '닭개장'이 된다. 닭을 끓는 물에 데치고 나서, 데친 물은 따라버리고 새로 물을 부어 닭이 70%정도 익혀지도록 30분간 삶는다. 살을 발려 양념(집간장, 고춧가루, 다진 마늘)에 무

친 닭고기를 국에 집어넣고 15분간 다시 끓인다. 나머지는 쇠고기 육
개장과 같다.

재첩국

1 재첩은 바락바락 씻어 찬물에 담가 30분 이
상 해감을 빼낸다.

2 부추는 씻어 2cm 길이로 잘게 썰고 마늘은
얇게 편을 썰어 놓는다.

3 냄비에 손질한 재첩과 마늘을 넣고 끓인다.
재첩의 입이 벌어지면 부추를 넣는다. 불을
줄이고 소금으로 간을 한 다음, 보글보글 국이 끓어오르면 바로 불을
끈다.

4 붉은 고추를 가늘게 썰어 국에 얹는다.

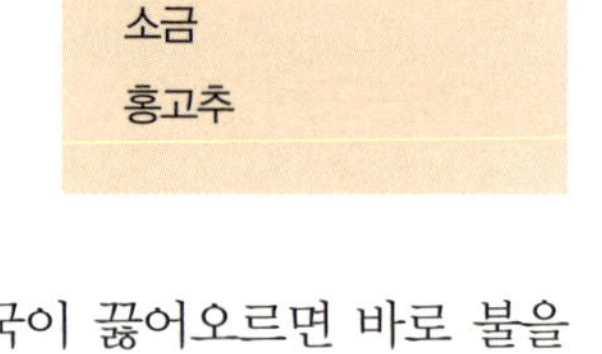

재료	
재첩	200g
부추	1/4단
양념	
마늘	편
소금	
홍고추	

1 재첩국은 부추와 소금으로도 국 맛을 낼 수 있다. 국맛을 더 내려면 재
첩을 넣기 전에 다시마로 약한 불에 8분정도 다싯물을 내어 재첩국을
끓인다.

2 부추를 넣으면 재첩의 비린내가 가시므로 생강은 따로 넣지 않아도 된다.

3 홍고추는 국에 넣어 끓이는 것보다 국을 뜬 뒤에 잘게 썰어 국에 얹는 것이 낫다.

4 재첩대신 싱싱한 조개나 바지락을 넣고 조갯국을 끓여도 좋다. 조갯국에는 홍고추 대신 청양고추를 총총 썰어 국위에 얹는다.

평소 먹거리에 대한 관심이 남달리 많았던 나는 두 신세대 며느리를 보고 나서,
음식을 만드는 것에 뒤늦게 관심을 가지게 되었다. 며느리들에게 기본적인 음식
몇 가지라도 똑 부러지게 일러두면 가족들이 건강한 식생활을 대를 이어가며 할
수 있으리라는 속마음 때문이었다.

나물
무침
절임

콩나물볶음

1 후라이팬을 센 불에 달군다. 여기에 식용유를 두르고 물에 씻은 콩나물을 물기가 있는 채로 넣는다. 센 불에 2분 정도 콩나물을 볶는다.

2 불을 줄이고 준비한 다진 마늘, 다진 파를 넣고 소금으로 간을 한 후, 1분간 더 볶는다.

3 콩나물이 다 볶아지면 참기름을 두르고 접시에 바로 옮겨 담아 콩나물이 더 익지 않도록 한다.

재료	
콩나물	300g
대파	약간
양념	
다진 마늘	1작은술
소금	
참기름	
식용유	

1 콩나물을 끓는 물에 데치면 콩나물의 단물이 순식간에 빠져 콩나물의 고소한 맛을 잃게 된다. 콩나물을 뜨거운 김에 쪄내든가 볶아야 콩나물의 고소하고 담백한 맛을 그대로 유지할 수 있다.

2 냄비뚜껑을 덮고 콩나물을 뜨거운 김에 쪄내는 방법은 콩나물을 알맞게 찌기가 어렵고, 뚜껑을 열어놓고 볶았을 때보다 아삭거리는 식감이 덜하다.

3 콩나물에 물기가 있는 한 뚜껑을 열어놓고 콩나물을 볶더라도 비린내가 나지 않는다. 콩나물에 물기가 적으면 콩나물에 물을 조금 뿌려 주어야한다. 콩나물을 다 볶고 나서 국물이 조금 남아 있어야 콩나물이 잘 볶아진 것이다.

4 콩나물을 오랫동안 볶으면 숨이 죽어 콩나물이 질기고 단물이 빠진다. 반대로 덜 볶으면 콩나물이 어석거리고 비린내가 난다. 불 조절과 볶는 시간을 잘 맞추어 콩나물을 알맞게 볶는 것이 중요하다. 집에서 부담 없이 쉽게 해낼 수 있는 반찬으로 콩나물볶음만한 것이 없다.

5 콩나물의 고소한 맛을 즐기려면 고춧가루를 넣지 않는 것이 나은 반면, 칼칼한 맛을 원하면 고춧가루를 넣는 것이 낫다.

6 나물이나 국에 간을 할 때는 정제염이나 재제염(꽃소금)보다 천일염을 넣는 것이 낫다. 다만 천일염을 그대로 쓰면 독극물인 핵비소가 미량 들어 있으므로, 1년 이상 간수를 뺀 소금을 팬에 볶아 절구에 빻아 쓰면 염려할 것이 없다. 요즈음은 식품에 바로 넣어도 문제가 없을 정도로 천일염을 정제한 소금이 많이 나와 있어 집에서 힘들게 만들 필요가 없어졌다.

시금치나물, 근대나물

1 뿌리 끝부분은 잘라내고 밑동이 굵은 시금치는 십자로 칼집내어 시금치를 4등분하고 찬물에 깨끗이 씻어 헹군다. 포기가 작은 것은 2등분하거나 뿌리 끝부분만 잘라낸다.

2 끓는 물에 굵은 소금을 넣고 물이 다시 펄펄 끓어오르면 다듬은 시금치를 넣고, 뚜껑을 덮지 않은 상태에서 1분간 두세 번 휘젓고 바로 체에 밭쳐 시금치를 건져낸 뒤 찬물에 헹군다.

3 물기를 뺀 후 손으로 가볍게 짠 다음, 소금과 다진 마늘, 다진 실파를 넣고 버무린 다음, 참기름과 깨소금을 넣고 무친다.

재료

시금치·········600g

근대··········600g

실파···········2뿌리

양념

소금·········1작은술

다진 마늘 ····1작은술

참기름········1작은술

깨소금

1 시금치는 겨울철에 서리를 맞고 자란 남해안 지방의 시금치가 달고 향이 짙다.

2 시금치는 다른 야채와 달리 다듬기를 잘 하여야한다. 시금치의 밑동이 굵으면 이를 자르지 말고 십자로 칼집을 내어야 한다. 밑동을 잘라버리거나 잎을 똑똑 떼어내면, 맛있는 제철 시금치라도 시금치의 향과 단물이 잘려진 단면으로 빠져나간다. 뿌리만 잘라낸 뒤 밑동에 십자 칼집을 내고 손으로 갈라야한다. 밑동을 잘라내어 버리지 않는 것이 핵심이다.

3 시금치를 끓는 물에 오랫동안 데치면 시금치의 단물이 빠지고 영양분이 파괴되므로 끓는 물에 시금치를 넣고 센 불에 1분정도만 데친다. 시금치를 데칠 때 소금을 넣으면 시금치 색깔이 변하지 않는다.

4 고추장 간도 좋으나 소금으로 간을 하였을 때가 단백하고 깔끔한 맛이 난다. 고추장을 넣을 경우라도 고추장하나로 간을 하지 말고 소금과 고추장을 2:1의 비율로 섞는 것이 좋다. 시금치나물은 간장으로 간을 하지 않는다. 나물이 질척해지고 아삭거리는 식감이 떨어진다.

5 근대는 끓는 물에서 2분정도 데쳐야 하며, 근대를 무칠 때는 고추장과 된장을 반씩 섞어 간을 한다.

6 시금치에는 수산이 함유되어 있어 시금치를 많이 먹으면 결석이 생긴다는 말이 있으나, 칼슘이 많이 들어있는 참깨나 참기름이 들어가면 결석이 생길우려가 없어진다.

무생채나물

1 생채나물의 크기(약간 굵게)로 무채를 일반 칼로 썰고, 쪽파는 무채 길이로 썰어놓는다.

2 무채에 고춧가루를 넣고 버무린다.

3 고춧가루가 무채에 배도록 20분을 기다렸다가 다진 마늘, 쪽파, 소금을 넣고 무친다.

4 깨소금을 넣고 한 번 더 무친다.

재료

무 …………… 1kg

쪽파 ………… 4뿌리

양념

고춧가루 ……… 2큰술

다진 마늘 …… 1큰술

소금 ………… 1큰술

깨소금

1 무생채나물에 쓰는 무는 10월 중순부터 나는 가을 김장무가 좋다. 가을에 저장한 김장무는 이듬해 이른 봄까지 나온다. 매운맛이 나는 여름무는 무생채 재료로 적합하지 않다.

2 무를 무채용 칼로 썰면 무채가 물러지고 맛이 덜하므로 힘이 들더라도 일반 칼로 썰어야 한다.

3 무채를 소금에 절이면 무채가 물러지고 물이 많이 생기므로 **무채는 소**

금에 절이지 않고 그대로 양념을 하여야한다.

4 새우젓국물은 물론 멸치액젓이나 까나리액젓 같은 액젓을 무생채에 넣으면 김치와는 달리 비린내가 느껴지고 무채의 색깔도 검붉게 변하므로, 무생채나물은 소금 하나로 간을 하는 것이 좋다. 젓갈을 꼭 넣으려면 까나리액젓과 소금을 반반 섞어 넣고 다진 생강이나 생강즙을 내어 넣는다.

5 무생채나물에 참기름이나 들기름은 넣지 않는다. 들기름이나 참기름을 치면 무생채의 신선한 맛이 떨어지고 텁텁한 맛이 난다. 매실청이나 식초도 무생채나물에는 넣지 않는다. 무의 단맛은 무에서 나와야한다.

special page
수육보쌈용 무생채 만들기

1 무생채보다 굵고 무말랭이보다 가늘게 무채를 일반 칼로 썬다.

2 무생채에 소금을 뿌려 살짝(20분) 절인다.

3 오돌오돌 씹는 맛을 내기위하여 절인 무생채는 손으로 꼭 짜 물기를 뺀다.

4 무생채에 고춧가루를 먼저 입힌 다음, 20분간 재워두었다가 다진 마늘, 다진 파, 멸치액젓, 깨소금, 올리고당을 넣고 무친다. 식초나 들기름은 넣지 않는다.

가지나물

1 물에 깨끗이 씻은 가지의 꼭지를 떼어내고 배를 가른다. 가지의 길이에 따라 2~3등분 한다.

2 가지를 찔 수 있도록 냄비에 삼발이를 넣고 물 2컵을 넣고 끓인다. 김이 올라오면 가지의 껍질이 삼발이에 닿도록 가지를 엎은 다음, 뚜껑을 덮고 센 불에 8분간 찐다.

3 가지가 다 쪄지면 가지를 무침그릇에 옮겨 젓가락으로 세 네 가닥으로 찢는다.

4 가지가 식기 전에 다진 마늘, 다진 파, 고춧가루를 넣고 무친 다음, 소금으로 간을 하여 무친다.

5 마지막으로 참기름과 깨소금을 넣고 무친다.

재료	
가지	3개
양념	
소금	
고춧가루	
다진 마늘	
다진 파	
깨소금	
참기름	

1 가지나물의 맛은 전적으로 가지에 달렸으므로 맛이 있는 가지를 잘 골라야한다. 햇볕을 많이 받은 진한 갈색의 가지, 그리고 꼭지를 덮은 갓이 싱싱하고, 길게 뻗어 내린 가지가 맛있는 가지이다. 반면, 장마철에 나는 가지, 그리고 가지의 속에 씨가 박혀 있는 굵고 큰 가지는 맛이 없다.

2 가지나물은 식물성기름(들기름이나 참기름)과 배합될 때, 가지 속에 있는 리놀레산(지방을 분해하여 비만, 동맥경화에 도움을 준다는 불포화지방산)과 비타민 E가 더 잘 흡수되기 때문에 참기름이나 들기름을 많이 넣고 무치는 것이 좋다.

3 가지를 찔 때는 반드시 물이 끓고 나서 가지를 얹어야 한다. 가지는 뜨거운 김에 쪄내야 껍질이 부드러워지고 알맞게 찔 수 있다. 그러나 가지를 지나치게 많이 찌면 물러져 맛이 없다. 젓가락으로 찔러 껍질에 젓가락이 들어가면 다 쪄진 것이다.

4 가지나물은 간장보다 소금으로 간을 하는 것이 낫다. 소금이나 간장이나 맛에서는 별 차이가 없지만 쪄낸 가지에서 물이 생기므로 간장으로 간을 하면 가지나물이 질척해지고 나물의 색깔이 깔끔하지 못하다.

5 가지나물에 고춧가루를 많이 넣으면 고춧가루 맛에 가지나물의 맛이 가려지므로 고춧가루는 조금 넣는 것이 좋고, 비빔밥에 넣을 가지나물에는 고춧가루를 아예 넣지 않는 것이 좋다.

6 가지에는 당질, 칼슘은 물론 칼로리가 낮은 항산화물질까지 들어있어 가지나물은 1년 내내 즐겨 먹을 수 있는 대표적인 건강식품이다.

가지볶음

1 가지(2개)를 손질하여 물에 씻은 다음, 6cm길이로 자르고 배를 가른 다음, 1.2cm 두께로 다시 가른다.

2 꽈리고추는 채를 썰어 놓는다. 고추 대신 양파를 넣으면 국물이 많이 생긴다.

3 팬에 들기름을 두르고 가지와 꽈리고추를 넣고 중간 불로 2분간 함께 볶은 다음, 다진 마늘, 다진 파(양파를 넣을 때 넣고 고추를 넣을 때는 넣지 않는다), 고춧가루를 넣고 불을 조금 올려 다시 3분간 볶는다. 맛간장과 소금으로 반반씩 섞어 간을 한다.

4 불을 줄이고 깨소금을 뿌린다. 이때 참기름이나 들기름은 넣지 않는다.

5 가을햇볕에 말린 가지를 물에 불려 볶음을 하면 생가지볶음에 비하여 깊은 맛이 있고 영양가가 높다. 말린 가지는 20분간 물에 불렸다가 물기를 짜고 똑 같은 조리법으로 볶으면 된다. 계절에 관계없이 상에 늘 올릴 수 있는 건강식 반찬으로 가지볶음만한 것도 없다.

호박볶음

1 호박을 깨끗이 씻은 후 세로로 배를 가른 다음, 0.6cm 두께로 반달모양으로 썬다.

2 호박에 소금을 살짝 뿌려 10분간 절인 다음, 물에 씻어 소금기를 빼준 후 물기가 없도록 키친타월로 닦아준다.

3 후라이팬에 식용유를 두르고 호박을 센 불에 2분간 볶다가 새우젓으로 간을 한다.

4 불을 그대로 두고 다진 마늘, 고춧가루를 넣고 호박의 3분의 2가 익을 정도로 3분간 더 볶은 후 들기름을 넣고 섞어준다.

재료
애호박(1)
양념
새우젓
다진 마늘
고춧가루
들기름(참기름)

1 애호박보다 조선호박이 단맛이 더 있다. 줄기마디마다 열리는 마디호박은 피하여야한다.

2 호박을 볶기 전에 소금에 살짝 절여야 호박에 간이 잘 배고 호박에서 물이 덜 생기며 무르지 않는다.

3 호박볶음은 새우젓 하나로 간을 하고 다진 마늘 하나만 넣고 볶아야 호박의 맛을 그대로 느낄 수 있다. 쇠고기, 버섯, 양파, 다진 파, 풋고추, 깨소금중 어느 것도 넣지 않는다.

4 고춧가루는 호박의 맛이 가려지지 않을 정도로 조금 넣는 것이 좋고 비빔밥에 넣을 호박볶음에는 고춧가루를 아예 넣지 않는다.

5 호박을 얄팍하게 썰면 호박이 물러져 맛이 없고, 많이 익혀도 모양이 뭉그러진다. 호박모양이 흐트러지지 않도록 호박을 2/3정도 익히는 것이 딱 좋다.

6 다 볶은 호박은 물러지지 않도록 접시에 바로 옮겨 담아야한다.

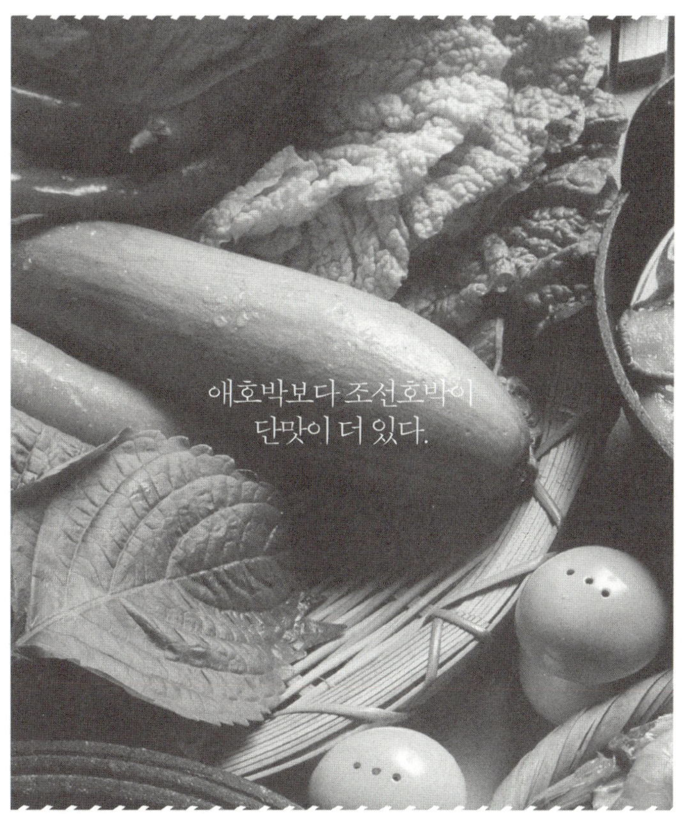
애호박보다 조선호박이
단맛이 더 있다.

호박고지나물

1 호박고지를 물에 씻어 20분간 불린다. 말린 정도에 따라 물에 불리는 시간을 조절한다. 잘 불려 지지 않는 것은 건져내어 따로 더 불려준다.

2 물에 불린 호박고지는 손으로 꼭 짜 물기를 빼주고 이등분한다.

3 후라이팬에 식용유를 두르고 호박고지를 중불로 2분간 뒤적여주며 볶은 다음, 맛간장으로 간을 하고 간이 고루 배도록 2분간 더 볶는다.

4 소금으로 간을 조절한 뒤 다진 마늘, 다진 파를 넣고 섞은 다음, 불을 줄이고 참기름과 깨소금을 넣어 버무린다.

재료	
호박고지········	50g
양념	
맛간장	
다진 마늘	
참기름	
깨소금	

시아버지의 잔소리

1 호박고지를 물에 오래 불리면 호박의 단물이 빠지고 호박고지가 물러져 맛이 없다. 불리는 물을 처음부터 적게 잡아야한다.

2 호박고지를 볶기 전에 물에 불려 맛간장에 재우면 호박이 물러지므로 양념을 하지 않은 상태에서 바로 볶는 것이 낫다. 굳이 호박고지를 볶기 전에 간장에 재우려면 호박고지가 물러지지 않도록 물에 덜 불린 상태에서 간장에 재웠다가 볶으면 된다.

3 호박볶음에는 새우젓으로 간을 하지만 호박고지나물에는 맛간장 하나로 간을 한다. 호박고지에 새우젓으로 간을 하면 비린 맛이 있다.

4 호박볶음과 달리 호박고지나물에는 고춧가루를 넣지 않는다. 고춧가루를 넣으면 깊은 맛이 없어지고 단백한맛이 떨어진다.

오이생채

1 굵은 소금을 손에 묻혀 오이를 손으로 비벼 주거나 오이의 껍질을 칼로 벗겨낸 다음, 오이를 깨끗하게 씻어 0.5cm 두께로 원형 모양으로 썬다.

2 오이를 소금에 15분간 약하게 절인 다음, 깨끗한 물에 헹군다. 체에 밭쳐 물기를 뺀 후, 손으로 가볍게 짠다.

3 부추를 다듬어 흐르는 물에 씻어 물기를 뺀 다음, 3cm 길이로 썰어 절인 오이와 함께 무침그릇에 담는다. 여기에 양파를 0.5cm 두께로 채를 썰어 넣는다.

4 고춧가루, 소금, 다진 마늘, 다진 파, 식초를 함께 넣고 무친 후 올리고당을 넣고 다시 무친다.

5 마지막으로 깨소금과 참기름을 넣고 무친다.

재료	
오이	3개
부추	1/5단
양파	300g
실파	2뿌리
양념	
고춧가루	1큰술
다진 마늘	1큰술
소금	1큰술
깨소금	약간
올리고당	1큰술
참기름	1작은술
식초	1작은술

1 오이는 가볍게라도 소금으로 절여야 곱씹는 맛이 있고 오이에 간이 배어야 오이생채가 맛이 난다. 절인 오이는 반드시 물에 헹구어야한다.

2 오이를 길이로 써는 것보다 배를 갈라 타원형으로 썰면 간이 더 잘 밴다.

3 노각생채는 고추장으로 간을 하여 고춧가루를 조금 넣는데 비하여, 오이생채는 소금으로 간을 하고 고춧가루를 넉넉하게 넣어 칼칼한 맛이 나게 무쳐야한다. 오이생채를 고추장에 무치면 텁텁한 맛이 난다.

4 오이생채나 시금치나물과 같은 나물을 무칠 때는 대파나 쪽파보다 실파를 다져 넣는 것이 낫다.

5 오이생채는 올리고당과 식초를 넣어 새콤달콤한 맛이 나게 무친다. 그러나 매실청까지 넣어 단맛을 낼 필요는 없다.

6 봄에는 부추 대신 달래를 넣으면 달래오이생채가 된다. 이때 달래의 대가리는 칼등으로 두드려 펴 주어야한다.

노각생채

1 노각껍질은 감자칼로 깨끗이 벗겨내고 세로로 이등분한 후, 씨를 빼내고 0.5cm 두께로 썰어 놓는다.

2 노각에 소금을 뿌려 25분간 절인 후 물에 헹군다. 체에 받쳐 물기를 뺀 후, 노각을 베주머니에 넣고 손으로 힘껏 비틀어가며 물기가 없도록 여러 차례 짠다.

3 고추장, 고춧가루, 다진 마늘, 다진 파를 넣고 조물조물 무친다.

4 올리고당, 식초, 깨소금을 넣고 무친 다음, 마지막에 참기름을 넣고 다시 무친다.

재료

늙은오이············ 노각 700g

대파············1뿌리

양념

고추장········2.5큰술

고춧가루········1큰술

다진 마늘 ······1큰술

깨소금

올리고당

참기름(들기름)

식초·········1작은술

1 길이가 길고 큰 노각보다 짤막하고 통통한 토종노각이 맛이 있다. 온통 연한 갈색을 띠는 노각은 오이가 무르다. 초록색이 중간 중간 비치는

노각이 단단하고 맛이 있는 노각이다.

2 노각은 일반오이에 비하여 칼로리가 1/3 수준인 저칼로리식품이다. 노각의 수분 함량이 일반오이보다 2배가 많고 질긴 편이라 30분 가까이 소금에 절여야 하며, 양념을 하기 전에 노각을 여러 번 짜서 물기를 완전히 빼야한다. 물기를 덜 빼면 물이 계속 생겨나 볼품이 없어지고 양념이 겉돌아 맛이 떨어진다.

3 노각은 절이고 나서 찬물에 씻어 소금기를 뺀 뒤에 무쳐야한다. 소금기가 오이에 남아 있는 상태로 양념을 하면 오이에 쓴 맛이 생긴다.

4 노각나물은 고추장 양념하나로 칼칼한 맛을 내기가 어렵다. 고춧가루를 꼭 넣어야 한다.

5 노각을 두껍게 썰면 물이 더 생긴다. 0.5cm 두께가 적당하다.

6 노각나물은 아무리 꼭 짜도 물이 생기므로 매실청을 넣지 않는 것이 좋다. 올리고당과 식초만 조금씩 넣는다. 식초와 참기름을 함께 넣는 나물무침에는 언제든 식초를 먼저 넣고 참기름은 그 뒤에 넣어야 참기름의 향이 산다.

7 여름철 비빔밥의 재료로 노각나물만한 것이 없다. 노각나물은 오이에서 물이 계속 생겨나므로 한 끼의 분량만 무친다.

더덕생채, 더덕구이

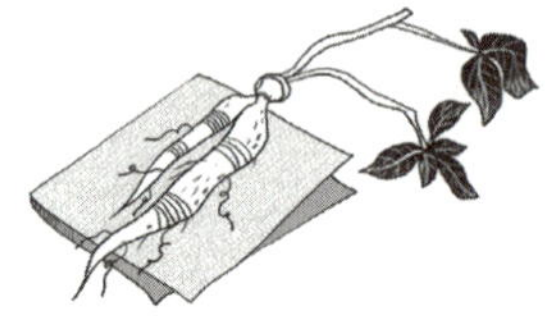

1 피더덕을 물에 깨끗하게 씻은 후 끓는 물에 살짝 데친 다음, 1회용장갑을 끼고 칼로 껍질을 돌려가며 뜯어내듯 벗겨낸다.

2 깨끗하게 벗긴 더덕은 물에 씻지 않고 칼로 배를 가르고 칼자루등으로 더덕을 두드려 납작하게 편준 다음, 손으로 가늘게 찢는다.

3 고추장, 고춧가루, 다진 파, 다진 마늘, 깨소금, 올리고당, 식초를 넣고 양념장을 만든다.

4 더덕에 양념장을 넣고 간을 보면서 조물조물 무친 다음, 참기름을 친다.

재료	
피더덕	500g
실파	
양념	
고추장	2큰술
다진 마늘	1큰술
고춧가루	1큰술
참기름	
식초	
깨소금	
올리고당	

1 더덕 껍질을 뻣길 때 더덕을 끓는 물에 살짝 데치면 더덕 껍질이 쉽게 벗겨진다.

2 더덕은 도라지와 같이 아린 맛이 없기 때문에 껍질을 벗겨낸 더덕은 물에 씻거나 헹구어 우려내지 않는다.

3 식초 대신 매실청을 넣을 경우에는 올리고당은 따로 넣지 않아도 된다.

4 참기름은 양념장에 섞지 않고 더덕을 다 무치고 나서 마지막에 따로 넣어야 참기름의 향이 산다.

더덕 껍질을 뻣길 때
더덕을 끓는 물에
살짝 데치면 더덕 껍질이
쉽게 벗겨진다.

더덕구이

1 맛간장 (1/3컵)에 참기름(1큰술)을 넣어 '기름장'을 만든다.

2 부드럽게 편 더덕에 기름장을 앞뒤로 가볍게 바르고 20분간 재운다.

3 기름장을 바른 더덕을 석쇠나 후라이팬에 올려 중불에서 앞뒷면을 1차 굽는다(애벌구이).

4 고추장 2큰술, 올리고당 1큰술, 다진 마늘, 다진 파를 풀어 양념장을 만들고 더덕의 안쪽면만 양념장을 덧바른 다음, 약한 불에서 양념을 바르지 않은 면을 굽는다.

5 다 굽고 나서 깨소금을 뿌린다.

도라지생채

1 도라지의 껍질을 벗겨 다듬은 도라지는 길이 6~7cm, 두께 0.5cm크기로 가늘게 배를 칼로 가른 다음, 식초와 소금을 뿌려 손으로 강하게 여러 차례 주물럭거려 도라지의 아린 맛을 빼내고, 도라지를 찬물에 3~4번 헹구어 쓴 물을 빼낸다.

2 오이를 소금에 가볍게 절여 물에 씻은 다음, 도라지 보다 굵게 길이로 썰어 놓는다.

3 도라지, 오이, 다진 파, 다진 마늘, 고추장, 소금, 고춧가루를 넣고 간이 배도록 조물조물 무쳐 20분간 재운다.

4 식초, 올리고당을 넣고 무친 다음, 참기름(들기름)과 깨소금을 치고 한 번 더무친다.

재료

도라지·········500g
오이·············1개
대파··········1뿌리

양념

고추장········ 1.5큰술
고춧가루········1큰술
다진 마늘 ······1큰술
참기름········ 들기름
식초
올리고당
소금
깨소금

1 도라지는 더덕과 달리 아린 맛이 있어 소금에 무쳐 바락바락 주물러 아린 맛을 빼내야 한다. 그러나 4~5월에 밭에서 속아낸 2년근 도라지(올라온 새순이 보이고 굵기가 작다)는 아리고 쓴 맛이 거의 없으면서 향이 짙어 소금물에 씻지 않고 껍질을 벗겨 물에 씻어 배만 갈라 그대로 쓴다.

2 도라지생채의 간은 고추장을 조금 넣고 소금으로 한다.

3 도라지생채는 식초와 올리고당을 넣어 새콤달콤한 한 맛이 나도록 무쳐야 봄철의 입맛을 돋운다.

4 도라지생채에는 무생채와 달리 식초를 넣고 참기름도 넣어야 더 맛있다.

도라지나물(볶음)

1 도라지로 볶음을 할 때에는 도라지를 가늘게 가른 후 끓는 소금
물에 살짝 데쳐 위와 똑같은 방법으로 양념을 한다. 소금물에 데
치면 아린 맛이 없어지고 양념이 잘 배므로 손으로 여러 번 씻을
필요 없이 끓는 물에 데쳐서 물기를 빼주면 된다.

2 후라이팬에 식용유를 두르고 양념한 도라지를 볶는다. 소금으로
간을 하고 다진 마늘과 파를 다져넣는다.

3 참기름(또는 들기름)과 깨소금을 넣고 무친다. 도라지 볶음에는
식초나 올리고당은 넣지 않는다.

톳나물 무침

재료

톳나물	400g
두부	반모
대파	1뿌리

양념

맛간장	3큰술
고춧가루	1큰술
다진 마늘	1큰술
식초	1작은술
참기름	1작은술
깨소금	10g

1 톳나물을 끓는 물에 살짝 데쳐 찬물에 헹군 뒤, 체에 밭쳐 물기를 뺀다.

2 무침그릇에 톳나물을 담기 전에 손으로 물기를 짠다.

3 톳나물을 무침그릇에 담고 맛간장, 고춧가루, 식초, 다진 마늘, 다진 파를 넣어 무친다.

4 두부를 무침그릇에 넣고 두부를 으깨가며 섞는다. 마지막에 참기름과 깨소금을 친다. 매실청은 조금 넣어도 좋다.

1 톳나물은 끓는 물에 데쳐야 부드러워진다.

2 맛간장 하나로 간을 하여도 좋지만, 고추장을 조금 넣어 무쳐도 좋다. 그러나 된장에는 무치지 않는다.

3 톳나물에는 칼슘, 철 등 무기염류가 많이 포함되어 있어 혈관경화를 막
  아주고 상용으로 먹으면 치아가 건강해지며 머리털이 윤택해지고 임산
  부가 먹으면 태아의 뼈를 튼튼하게 해주는 전통적인 해안지방의 토속
  음식이다.

미역줄기볶음

1 미역줄기에 묻어 있는 소금기를 탁탁 털어 내고 미역줄기를 물에 깨끗이 씻은 다음, 20분간 물에 담가 소금기를 뺀다.

2 소금기를 뺀 미역줄기를 깨끗한 물에 헹구어 미역줄기를 손으로 꼭 짠다. 미역줄기를 기름 없이 팬에 볶아 남아있는 수분을 날린 후 식용유를 넣고 양파(채)와 함께 센 불로 4분간 볶는다.

3 다진 마늘을 넉넉하게 집어넣고 맛간장으로 간을 맞춘 후 3분간 볶는다.

재료	
염장미역줄기	300g
양파	150g

양념

맛간장

다진 마늘

올리고당

참기름

깨소금

4 불을 내리고 올리고당을 넣고 뒤적인 다음, 깨소금과 참기름을 친다.

1 미역줄기는 염장처리가 되어있어 장기 보관이 가능하다. 여유 있게 냉장 보관해 두었다가 나물이 귀한 겨울철에 볶아내면 밑반찬으로 훌륭하다.

2 미역줄기는 소금기가 있어 물에 담가 소금기를 80%이상 빼내고 맛간장으로 간을 다시 맞추어야한다.

3 미역줄기볶음에는 파나 고춧가루를 넣지 않고 양파와 다진 마늘만 넣고 볶는다.

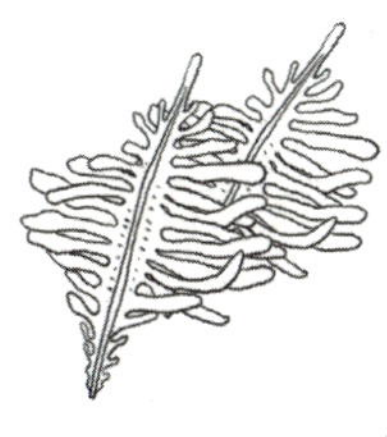

물미역무침

재료 물미역(400g)

양념 맛간장, 다진 마늘, 다진 파, 고춧가루, 식초, 참기름, 깨소금

맛있게

1 물미역을 물에 깨끗이 씻어 7cm길이로 썰어 물기를 빼놓는다.

2 맛간장, 다진 마늘, 다진 파, 고춧가루, 식초를 넣고 조물조물 무친다. 미역줄기무침에는 다진 파와 고춧가루를 넣지 않지만 물미역무침에는 둘 다 넣는다. 단맛을 내려면 식초 대신 매실청을 넣는다.

3 깨소금을 넣고 마지막에 참기름을 친다.

표고버섯볶음

1 생표고버섯을 썰어 햇볕에 3일간 말린다.

2 끓는 물에 말린 표고버섯을 데쳐 낸 뒤, 손으로 물기를 짠다.

3 후라이팬에 식용유를 두르고 표고버섯을 센 불에 볶는다.

4 불을 조금 줄이고 맛간장으로 간을 한 다음, 다진 마늘, 다진 파를 넣고 볶는다.

5 깨소금과 참기름을 넣고 버무린다.

재료
말린 표고버섯 ·· 60g
양념
맛간장
다진 마늘
다진 파
깨소금
참기름

1 말린 표고버섯은 물에 불리지 말고 끓는 물에 데쳐야한다.

2 생 표고버섯보다 햇볕에 말린 표고버섯을 데쳐 무치는 것이 더 낫다. 그렇다고 해서 표고버섯을 썰어 완전히 건조시킨 것은 끓는 물에 데치더라도 잘 불려 지지 않는다. 생표고버섯을 사서 집에서 직접 말린 표

고버섯이어야 한다.

3 식용유에 볶아 냈어도 마지막에 참기름에 무친다.

4 버섯나물에 고춧가루는 넣지 않는다.

말린 표고버섯은
물에 불리지 말고
끓는 물에 데쳐야한다.

양송이버섯볶음

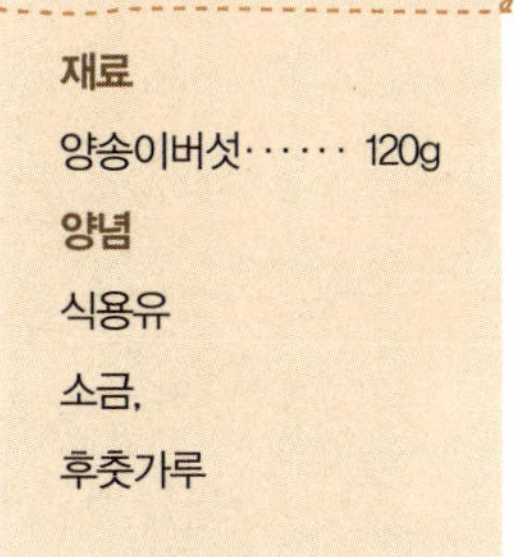

재료
양송이버섯······ 120g
양념
식용유
소금,
후춧가루

1 양송이버섯은 밑동을 다듬을 필요 없이 물에만 씻어 작은 것은 2등, 큰 것은 3등분 하여 도톰하게 썰어놓는다.

2 후라이팬에 식용유를 약하게 두르고, 센 불에서 불을 조금 줄인 뒤 양송이를 넣고 1분간 살짝 볶은 다음, 소금으로 간을 하고 불을 바로 내린다.

3 후춧가루를 뿌린다.

1 양송이는 날로 먹어도 될 정도로 부드럽기 때문에 식용유를 조금 넣어 중간 불에 살짝 볶는다. 오랫동안 볶거나 센 불에 볶으면 식용유가 타 기름연기에 양송이가 그을린다.

2 양송이버섯은 소금으로 간을 약하게 하여야한다. 마늘이나 파를 넣으면 버섯의 향이 줄어든다. 참기름도 넣지 않는다.

3 양송이를 기름에 볶아냈기 때문에 후춧가루를 치면 느끼한 맛이 줄어
든다.

4 느타리버섯은 양송이와 같이 볶음으로 요리를 하는 것보다 끓는 물에
데쳐 낸 뒤에 갖은 양념을 하여 무치는 나물요리가 낫다. 소금으로 간
을 한 다음, 다진 마늘, 다진 파, 참기름, 깨소금을 넣고 조물조물 무친
다.

김파래무침

1 맛간장, 다진 마늘, 다진 파를 넣고 물을 조금 섞어 양념장을 만든다.

2 김파래를 물에 풀지 않고 그대로 손으로 찢어 무침그릇에 담는다.

3 양념장을 조금씩 넣어 가며 김파래에 양념이 배도록 조물조물 무치면서 김파래를 풀어준다.

4 마지막으로 깨소금과 들기름(참기름)을 넣고 무친다.

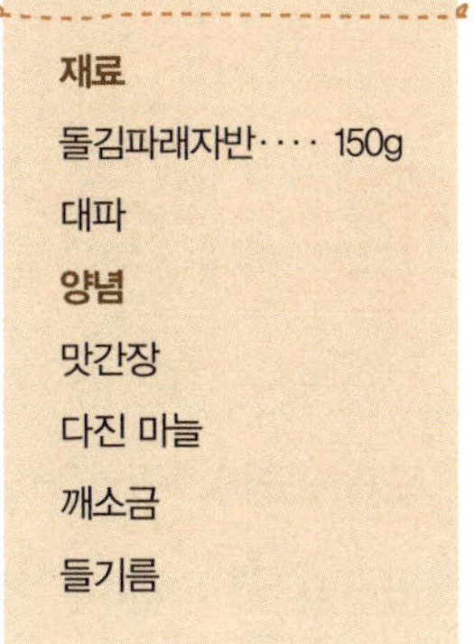

재료
돌김파래자반···· 150g
대파
양념
맛간장
다진 마늘
깨소금
들기름

1 건자반 또는 돌자반은 파래를 위주로 건조시킨 것인 반면, 김파래(김이 80%)는 김을 위주로 건조시킨 것이다. 건자반이나 돌자반은 외관상으로 김파래와 비슷하다. 돌자반이나 건자반은 김파래무침과 같은 요령으로 무치면 된다.

2 김파래, 돌자반, 건자반은 김과 같이 건조기에서 깨끗하게 말린 것이므로 물에 불리거나 씻지 말아야한다. 그러나 생파래는 소금을 넣고 물에 여러 번 헹궈 물기를 꼭 짜 낸 뒤에 무쳐내야 한다.

3 양념장에 액젓을 넣으면 비린내가 나고 파래의 향이 죽으므로 파래무칠 때는 액젓을 넣지 않는다.

4 김파래는 바짝 말렸기 때문에 맛간장 하나로 풀기가 힘들다. 양념장을 만들 때부터 맛간장에 물을 조금 섞어 양념장을 만들어 풀면 파래가 잘 풀어진다. 그렇다고 맛간장과 물을 너무 많이 넣으면 파래가 쉽게 풀어지지만 파래무침이 질척하여 맛이 없다.

5 겨울동치미를 채로 썰어 김파래와 함께 무쳐내면 김파래무침과 전혀 다른 맛이 난다.

6 김파래, 돌자반, 건자반 모두가 사과의 4배나 되는 비타민 C가 함유되어 있고 특히 철분의 함양이 많은 건강식품이다.

산나물무침(취나물, 참나물, 엄나무순)

1 깨끗이 다듬은 취나물을 가지런히 하여 끓는 소금물에 줄기부터 넣고 잎을 넣은 다음, 물이 끓을 때까지 두세 번 휘 젓는다.

2 물이 끓으면 바로 삶아낸 취나물을 체에 밭쳐 건져, 찬물에 바로 넣고 두 번 헹군 후 5분간 우려낸다.

3 체에 밭쳐 물기를 뺀 후, 나물을 두 손으로 가볍게 짠다.

4 된장으로 간을 한 뒤 고추장을 조금 넣어 무친 다음, 참기름을 치고 무친다. 엄나무순은 소금 하나로 간을 한다.

5 마지막으로 깨소금을 넣고 무친다.

재료	
취나물	300g
양념	
된장	20g
고추장	10g
깨소금	
참기름	

1 산나물은 시금치와 같이 살짝 데치는 것이 아니라 줄기가 말랑말랑할 정도로 삶아 내야한다. 줄기가 말랑할 정도가 되려면 나물을 끓는 물에

넣고 다시 물이 끓어오를 때까지 나물을 뒤적이며 데쳐야한다. 산나물

은 독성이 있어 끓는 물에 데쳐낸 다음, 찬물에 잠시 우려내야한다.

2 시금치나 취나물은 맹물이 아닌 소금물에 삶아야 하고, 삶자마자 나물

을 찬물에 넣어 헹구어야 나물이 물러지지 않고 색깔이 변하지 않는다.

3 나물을 꼭 짜면 노란 물(영양분)이 빠지므로 가볍게 짜야한다.

4 참나물이나 엄나무순과 같이 향이 짙은 산나물을 무칠 때는 파를 넣지 않

는다. 다진 마늘은 넣어도 되지만 산나물의 고유한 향을 더 가까이 느

끼려면 마늘도 넣지 않는 것이 낫다.

5 양념을 한 취나물을 후라이팬에 볶아 볶음을 하면 맛이 색다르다. 무침

을 하였을 때보다 깊은 맛이 있다.

6 산나물을 삶은 채로 장기간 보관해 두려면, 삶아낸 산나물을 체에 밭쳐

물기를 3분간 빼낸 다음, 손으로 짜지 말고 물기가 있는 채로 비닐주머

니에 담아 냉동 보관한다. 냉동 보관할 때는 1회 분량씩 비닐팩에 담아

보관한다. 삶은 쑥도 이와 같이 보관하면 된다.

두릅 데치기

두릅은 단백질과 무기질, 비타민C가 특히 많아, 봄에 돋아나는 여린 순을 살짝 데쳐 초고추장에 무치거나 찍어 먹는다. 두릅의 쓴맛을 나게 하는 사포닌 성분은 혈액순환을 도와줘 피로회복에 좋고 해독 작용에도 효과가 있다.

1 억센 밑동은 잘라내고 밑동이 굵으면 십자 또는 일자로 칼집을 내어 밑동과 잎이 비슷하게 삶아지도록 한다. 그렇게 하려면 펄펄 끓는 물에 밑동부터 집어넣고 30초 후에 잎을 밀어 넣고 1분간 끓는 물에 데친다.

2 소금물에 데치면 씁쓸한 맛이 줄어들고, 쌀뜨물에 데치면 아린 맛까지 줄일 수 있다.

3 살짝 데친 두릅은 찬물을 틀어 놓고 두 번 헹군다.

4 두릅, 취나물, 고사리, 다래순과 같은 산나물은 정도의 차이는 있지만 독성이 있어 끓는 물에 삶아내야 한다. 뜨거운 김으로 쪄내거나 살짝 데쳐내면 산나물의 독성분이 잘 빠지지 않아 나물에 쓴맛이 그대로 남아있다.

5 고추장에 매실청, 다진 마늘을 섞어 초고추장을 준비하거나 산나물을 무치는 요령에 따라 고추장으로 양념을 하여 무친다.

고사리나물

1 마른 고사리 삶으려면 3단계를 거친다. ㉮ 삶기 전에 마른 고사리를 찬물에 2시간 정도 불려둔다. 햇고사리는 30분간 불린다. 그리고 ㉯ 끓는 물에 불린 고사리를 넣고 센 불에서 5~6분 끓이다가 중간 불로 줄인다. 고사리가 말려진 상태에 따라 삶는 시간을 달리한다. 해가 묵은 고사리는 30~40분간 삶아야하고, 햇고사리는 마른 정도에 따라 15~20분정도 삶는다. 끝으로 ㉰ 삶은 물은 버리지 말고 그 물에 뚜껑을 덮은 채 4시간동안 불린다. 햇고사리는 1시간 불린다.

2 물에 두 번 헹궈 물기를 뺀 다음, 손으로 가볍게 짠다.

3 물기를 뺀 고사리에 맛간장, 다진 마늘(1큰술)을 넣어 1차로 무친다. 간이 맞으면 20분 동안 간이 배도록 한 다음, 참기름을 넣고 다시 무친다.

4 후라이팬에 식용유를 조금 두르고 양념한 고사리를 중불로 낮추어 3~4분 볶는다. 중간에 3~4번 뒤집어준다.

재료	
마른 고사리 ···· 60g	
양념	
맛간장	
다진 마늘	
참기름(또는 들기름)	
깨소금	

5 물 2큰술을 떠 넣은 다음, 뚜껑을 덮고 약한 불로 은근하게 더 익힌다.

6 불을 끄고 깨소금을 넣고 뒤적여준다.

1 고사리는 삶기 전에 찬물에 불려야 고사리가 더 부드러워진다. 햇고사리라 하여 물에 불리지 않거나 삶고 나서 삶은 물에 불리지 않으면 아리고 쓴맛이 가시지 않으므로, 햇고사리도 반드시 삶기 전에 20분이라도 찬물에 불려야하고 삶은 물에 1시간은 불려야한다.

2 고사리를 볶을 때는 뚜껑을 덮고 고사리를 중불로 은근하게 익혀야 고사리가 부드러워진다.

3 고사리와 같은 묵나물을 볶을 때는 볶고 나서 참기름이나 들기름을 치는 것이 아니라, 볶기 전에 참기름이나 들기름을 넣고 무친 뒤 들기름에 볶는다. 고사리나물에는 고춧가루나 파를 넣지 않는다.

4 삶아낸 고사리는 물기를 빼 냉장보관하면 3주간 보관이 가능하다. 국내산이 아닌 고사리는 물러져 보관이 어렵다.

고사리들깨탕

1 고사리에 맛간장, 다진 마늘, 참기름을 넣고 양념을 한 뒤 30분간 재운 다음, 후라이팬에 식용유를 두르고 고사리를 먼저 볶아낸다.

2 쌀뜨물 2컵을 넣고 뚜껑을 덮은 후 약한 불에 1차로 익힌다.

3 물 1컵에 들깨가루를 풀어 갠 다음, 체에 밭쳐 들깨가루물을 내려 넣는다. 나물을 무칠 때는 볶은 들깨가루를 넣지만 고사리들깨탕에는 볶지 않은 생들깨가루를 물에 풀어 내린 물을 넣는다. 들깨가루와 콩가루를 반반씩 물에 풀어 내린 물을 넣어도 좋다.

4 간을 확인한 후 뚜껑을 덮고 3분간 더 익힌 다음, 깨소금을 뿌린다.

5 들깨가루는 공기와 접촉하면 산화가 쉽게 되므로 꼭 동여매어 냉동 보관하여야한다.

고사리 말리기

1 고사리를 삶을 때 소금은 넣지 않고 물을 끓인다. 물이 펄펄 끓어 오르면 고사리를 넣는다. 고사리대가 말랑할 정도로 5분간 뒤적이며 고사리를 충분하게 삶는다. 설삶아 낸 고사리는 묵나물을 할 때 오래 삶아 불려도 고사리나물이 맛이 없다.

2 물기가 빠지면 소쿠리에 넓게 펼쳐 양지 바른 곳에서 2일간 말린다. 5시간 정도 지나 고사리줄기가 꾸덕꾸덕 해질 때 두 손으로 고사리를 싹싹 비벼 주면 나물이 한결 부드러워진다.

3 마른 고사리는 통풍이 되는 망에 넣어 실온에 보관한다.

숙주나물

조리법

1 숙주를 깨끗하게 물에 씻는다.

2 끓는 물에 숙주를 집어넣고 2분간 데친 다음, 찬물에 헹구어 체에 밭친다.

3 숙주를 손으로 가볍게 짜 남은 물기를 조금 더 빼주고 다진 파, 다진 마늘을 넣고 소금으로 간을 한다. 깨소금, 참기름을 넣고 무친다.

재료

숙주··········· 300g

대파

양념

다진 마늘

소금

깨소금

참기름(들기름)

시아버지의 잔소리

1 숙주를 데칠 동안은 콩나물과 달리 뚜껑을 열어 놓아야하며, 오랫동안

데치면 단물이 빠지므로 2분 안에 건져내야하고, 찬물에 바로 헹구어야
숙주가 물러지지 않고 아삭아삭하게 된다. 숙주는 2분을 데쳐도 눈으로
보기에는 덜 데쳐진 것으로 보인다.

2 숙주를 데치지 않고 식용유에 바로 볶는 방법도 있다. 쇠고기스테이크
　에 곁들이는 숙주나물은 버터 같은 동물성기름에 볶아 소금으로 간을
　하고 후춧가루를 뿌린다. 이렇게 볶은 숙주나물은 바로 먹어야지 시간
　이 지나면 질겨진다.

3 숙주나물은 나물 중에서 가장 빨리 변질되어 보관이 어렵다.

시래기나물

1 시래기를 찬물에 4시간정도 불린다.

2 시래기는 불린 물에 그대로 삶는다. 물이 끓으면 중간으로 불을 줄여 30분간 삶는다. 시래기가 다 삶아지면 30분정도 김을 빼낸 다음, 뚜껑을 덮은 상태로 7시간 동안 쓴맛을 우려낸다.

3 쓴맛을 다 우려낸 시래기는 깨끗한 물에 2번 헹궈 체에 밭쳐 물기를 뺀 다음, 잎 부분에 남아 있는 물기를 손으로 가볍게 짠다.

4 시래기줄기의 안쪽 면의 흰 막을 벗겨낸 후 2~3등분하여 길이가 8~10cm되게 자른다.

5 무침그릇에 시래기를 담고 된장, 집간장, 고춧가루, 다진 마늘, 다진 파를 넣고 조물조물 무친 다음, 들기름을 치고 한 번 더 무친다. 양념이 잘 스며들게 꼭꼭 눌러 30분간 재운다.

6 후라이팬에 식용유를 두르고 양념한 시래기를 센 불로 3분간 살짝 볶은

재료	
시래기	200g
대파	1뿌리
양념	
된장	2큰술
집간장	1큰술
다진 마늘	
국멸치	
고춧가루	1큰술
들기름	1큰술

후, 물 반 컵과 국멸치를 넣고 볶는다. 물이 끓어오르면 불을 줄여(약한 불로) 8분간 서서히 볶는다. 시래기나물을 볶을 때는 뚜껑을 덮어주고 중간에 세 번 정도 뒤집어준다. 끓이다가 물이 적은 듯 보이면 중간에 물을 보충한다.

1 시래기는 김장철에 나오는 무청을 엮어 처마 밑에 매달아 찬바람에 말린 것이 제일 좋다. 무청을 끓는 물에 데친 후에 말리면 무청이 누렇게 변하지는 않지만 맛이 없다. 시래기나물 용도로 개량한 무청으로 말린 시래기는 줄기가 연하여 조금만 삶아도 물러져 식감이 떨어지고 깊은 맛이 없다.

2 시래기는 푹 삶은 것보다 덜 삶은 것이 낫다. 시래기는 30분 정도 삶으면 적당하다. 삶은 시래기는 줄기를 감싸고 있는 막을 하나하나 벗겨내야 시래기나물이 부드럽고 간이 잘 밴다.

3 시래기를 삶은 물은 따라내지 말고 그 물에 불려야한다. 삶은 시래기를 깨끗한 물에 불리면 쓴맛이 쉽게 빠지지만 시래기의 단물까지 빠져 시래기의 깊은 맛이 없어진다.

4 시래기를 미리 양념에 재웠다가 후라이팬에 볶아야 시래기 속까지 양념이 잘 배어 나물이 맛있어진다.

5 시래기밥을 할 때는 밥물이 끓고 나서 2분 뒤에 양념하여 볶은 시래기

를 총총 썰어 밥 위에 얹는다.

6 시래기나물은 된장 하나로 간을 하는 것보다 집간장을 섞어 간을 하면 깊은 맛이 더 있다.

7 시래기나물을 들기름에 무쳐 볶으면 시래기가 한결 부드러워진다.

8 시래기는 섬유소가 풍부하고 칼슘과 철분 함양이 높으면서 칼로리가 매우 낮아 한국의 대표적인 건강식품이다.

시래기 된장국

1 삶아내어 불린 시래기(300g)를 3cm길이로 짧게 자른 다음, 된장, 집간장, 다진 마늘, 다진 파, 들기름을 넣고 무쳐 30분간 간이 배도록 재운다.

2 양념에 재운 시래기를 팬에 식용유를 두르고 볶아낸 다음, 쌀뜨물 3ℓ을 붓고 굵은 멸치와 양념한 시래기를 넣고 20분 이상 끓이다가 집간장(1컵)으로 간을 하고 5분간 더 끓인다.

3 시래기된장찌개는 삶은 시래기(600g)를 8cm 길이로 길게 자르고 똑같이 양념을 하여 재워 두었다가 물2컵을 붓고 국멸치를 넣고 끓인다.

묵나물(취나물, 다래순, 부지갱이나물)

1 말린 취나물을 끓는 물에 15분간 삶는다.

2 취나물이 다 삶아지면 찬물에 헹구지 말고 뚜껑을 덮은 상태로 4시간 동안 물에 불린다.

3 우려낸 취나물을 깨끗한 물에 2번 헹궈 체에 밭친 다음, 손으로 살짝 짜 물기를 뺀다.

4 취나물에 맛간장, 집간장, 다진 마늘, 다진 파, 들기름을 넣고 무쳐 20분간 재운다.

5 후라이팬에 식용유를 두르고 양념한 취나물을 센 불에 5분간 볶은 후 깨소금을 뿌린다.

재료
말린 취나물 ···· 25g
대파
양념
맛간장
집간장
다진 마늘
들깨가루
들기름
깨소금

1 묵나물은 나물의 종류와 말려진 상태에 따라 삶는 시간을 달리해야한다. 곤드레 같은 연한 나물은 10분 이내, 고구마줄기, 취나물, 토란대,

부지갱이나물(겨자과, 울릉도 산지)이나 고비(고사리과, 울릉도산지)는 15~20분간, 고사리는 30분간 삶아야한다. 삶고 나서 삶은 물에 4~5시간 불려야 나물이 부드럽다. 고사리는 줄기가 질겨 다른 나물과 달리 삶기 전에 물에 30분간 불려 놓아야 하지만 다른 묵나물은 삶기 전에 물에 불리지 않고 바로 삶는다.

2 말리지 않은 취나물은 된장으로 간을 하지만, 말린 취나물은 간장으로 간을 하는 것이 낫다.

3 말리지 않은 산나물은 마늘을 넣지 않지만, 묵나물에는 마늘을 넣는 것이 낫다.

4 고비나 부지갱이나물에 들깨가루를 넣고 볶으면 들깨의 향과 나물의 고유한 맛이 잘 어우러진다.

5 생채로 무친 산나물에 비하여 산나물을 삶아 말린 묵나물을 갖고 무친 나물은 깊은 맛이 있고 영양분이 더 많다.

머위나물

1 머윗대를 끓는 물에 넣고 10분간 삶은 다음, 체에 받쳐 뜨거운 물을 빼내고 머윗대를 찬물에 넣어 헹군다. 머윗대의 껍질을 벗겨내고 굵기에 따라 두세 갈래로 가르고 5~6cm길이로 자른다.

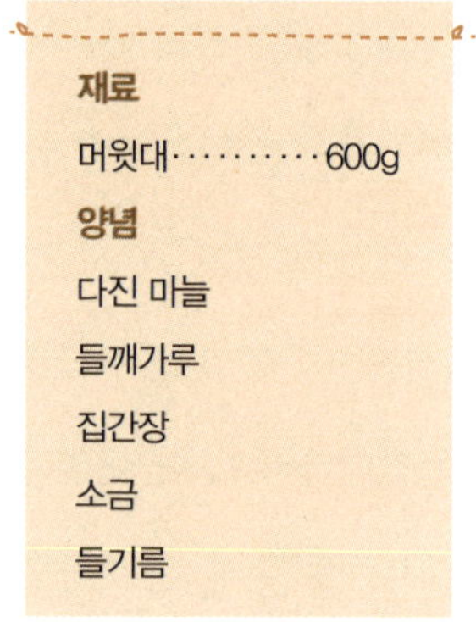

2 다진 마늘, 들기름을 넣고 조물조물 무친다. 집간장은 조금 넣고 소금을 위주로 간을 한 후, 간이 배도록 20분간 재운다.

3 후라이팬에 식용유를 두르고 양념한 머윗대를 넣고 센 불로 1분간 볶는다. 거기에 물 반 컵을 넣고 물이 끓어오르면 불을 줄이고 뚜껑을 덮은 상태로 8분간 머윗대를 익힌다. 머윗대를 익히는 동안 물 1컵에 들깨가루 3큰술을 풀어 놓는다.

4 뚜껑을 열고 다시 2분간 볶은 다음, 물에 풀어놓은 들깨가루를 넣고 다시 볶는다. 국물이 다시 끓어오르면 불을 약하게 줄이고 2분간 더 볶는다.

1 나물 중에서 머위나물 만큼 담백하면서 쌉쌀하고 깊은 맛이 나는 나물이 드물다. 비빔밥의 재료로 머위나물만한 것이 없다.

2 머윗대는 껍질이 벗겨지지 않으므로 머윗대를 먼저 삶아내야 한다. 10분 동안은 삶아야 머윗대 껍질이 잘 벗겨진다. 머윗대는 삶고 난 뒤에 불리지 말고 바로 찬물에 헹구어야한다.

3 머윗대를 볶을 때는 중간에 뚜껑을 덮고 충분히 머윗대를 익혀야한다. 그렇다고 머윗대가 물러질 정도로 익히면 단물이 빠지고 식감이 없어지므로 알맞게 익혀야한다.

4 머위나물의 간은 소금으로 하여야 하고 깊은 맛을 위하여 집간장을 조금 넣는다. 머위나물에 파는 넣지 않는다.

5 머위나물에 넣는 들깨가루는 들깨의 껍질을 벗겨 곱게 빻은 가루를 넣어야 나물이 부드럽고 나물의 색깔이 크게 변하지 않는다. 껍질을 벗겨낸 들깨가루는 공기와 접촉을 하게 되면 바로 산화가 되므로 들깨가루를 보관할 때는 밀봉하여 냉동 보관하여야한다.

6 머위나물과 같이 국물이 있는 나물에는 깨소금을 넣지 않는 것이 좋다.

7 머위를 볶는 것까지는 똑같이 하고, 물과 들깨가루의 양만 늘여 냄비에 끓이면 귀한 머위탕이 된다.

8 토란대나물도 머위나물과 똑같은 방법으로 토란대 줄기를 삶아 무치면 된다. 단, 토란대는 삶은 후에 4시간동안 물에 불려주어야 한다는 점만 다르다.

고구마줄기볶음

1 고구마줄기를 삶기 전에 고구마줄기의 앞쪽을 꺾어 내리면서 껍질을 벗긴다.

2 소금을 탄 물(3L)이 끓으면 고구마줄기를 넣고 뚜껑을 덮지 않은 상태에서 고구마줄기가 말랑말랑해질 때까지 12-15분간 삶는다.

3 고구마줄기를 찬물에 헹구어 체에 밭쳐 물기를 빼고 손으로 꽉 짜 물기를 완전하게 빼준 다음, 5cm 길이로 자른다.

4 고구마줄기에 맛간장, 소금, 다진 마늘, 다진 파, 들기름을 넣고 조물조물 무쳐 20분간 재워둔다.

재료

고구마줄기······400g

대파

양념

다진 마늘

맛간장

들기름

깨소금

5 후라이팬에 식용유를 두르고 양념한 고구마줄기를 볶는다. 고구마줄기를 볶을 때는 처음 30초 동안 센 불로 볶다가 바로 중간으로 줄여 5분간 볶는다.

6 마지막에 깨소금을 뿌린다.

1 고구마줄기를 삶을 때는 뚜껑을 열어놓고 삶아야한다. 삶는 시간은 줄기의 상태에 따라 조절하고 줄기가 말랑하게 될 때까지 삶는다.

2 고구마줄기는 말리지 않고 삶아낸 상태에서 나물로 무쳐도 되지만 묵나물을 만들어 삶아 무치면 깊은 맛이 있다. 묵나물을 만드려면 껍질을 벗겨내지 않은 채로 고구마줄기를 끓는 물에 20~25분간 말랑하게 삶아낸 다음, 물기만 빼내 햇볕에 말린다. 햇볕에 4~5시간 말려 줄기가 꾸덕꾸덕 해질 때 두 손으로 고구마줄기를 빨래하듯 싹싹 비벼준 다음, 2일간 바싹 말린다.

3 머위나물에는 들깨가루를 물에 풀어 넣지만, 고구마줄기볶음에는 들깨가루를 넣지 않는다.

무말랭이무침

1 고춧잎은 1시간 반 정도 물에 불려 씻은 다음, 손으로 꼭 짜서 물기를 뺀다.

2 무말랭이는 물에 불리기 전에 손으로 바락바락 씻은 다음, 물 3컵에 30분간 불린다. 그 때까지 불려 지지 않은 무말랭이(껍질부분)는 골라내어 불려 질 때까지 불린 물에 20분간 더 불린다.

3 무침그릇에 무말랭이를 담고 고춧가루 넣어 무친 다음, 20분간 재운다.

4 맛간장을 무말랭이에 넣고 간이 배게 조물조물 무친 다음, 소금으로 간을 맞추고 한 번 더 무친다.

5 올리고당, 고춧잎, 다진 파, 다진 마늘, 매실청을 넣고 무말랭이와 함께 무친다. 매실청 대신 식초를 넣어도 된다. 들기름(또는 참기름)과 깨소금을 넣고 마지막으로 한 번 더 무친다.

재료	
무말랭이	120g
말린 청양고춧잎	30g
대파	
양념	
맛간장	1/3컵
다진 마늘	1큰술
고춧가루	2큰술
올리고당	1.5큰술
매실청	2큰술
들기름	1큰술
소금	1작은술
깨소금	1큰술

1 무말랭이를 무치다보면 조리방법보다 식재료의 중요성이 더 크다는 것을 절감하게 된다. 배추, 무, 호박, 가지, 고사리, 무말랭이, 호박잎 같은 식재료가 좋은 것이 아니면 음식의 맛을 내기 어렵고, 재료가 좋아도 된장, 간장, 고춧가루, 젓갈 같은 양념이 신통치 않으면 음식의 맛을 제대로 낼 수가 없다.

2 무말랭이는 늦가을 김장무를 썰어 햇볕에 말린 것이 좋고, 특히 얼말린 무말랭이(겨울의 찬바람에 얼었다가 녹기를 반복하며 말린 무말랭이)가 당도가 높고 맛이 있다. 햇볕에 말린 무말랭이는 칼슘과 칼륨이 무에 비하여 10배가 넘어, 밥을 위주로 하는 우리 식생활에 영양 균형을 잡아주는 최고의 식품이다.

3 고춧잎은 청양고춧잎을 말린 것이어야 한다.

4 무말랭이는 물에 알맞게 불려야한다. 무말랭이를 물에 많이 불리면 물러지고 무의 단물이 빠져 맛이 없다. 반대로 덜 불리면 간이 잘 배지 않고 무말랭이가 딱딱하다. 무말랭이의 단물을 빠지지 않게 하려면 물을 적게 잡고 불리는 시간을 최대한 줄여야한다. 똑같이 불렸는데도 잘 불려 지지 않는 것은 건져내 따로 더 불려준다.

5 무말랭이무침에는 고추장을 넣지 않고 맛간장에 고춧가루를 넉넉하게 넣고 무치면 무의 단맛까지 느껴지며 칼칼한 맛이 난다. 이렇게 무친 무말랭이는 2주 이상 장기보관이 가능하다. 물론 무말랭이를 맛간장 대신 고추장에 무쳐도 된다. 고추장에 무치면 오랫동안 보관할 수는 없

다.

6 무말랭이를 물에 불리면 단물이 빠지고 오래 보관할 수 없어 무말랭이를 물에 불리지 않고 처음부터 맛간장에 불려 무치는 방법이 있다. 한 달간 보관이 가능하고 맛은 장아찌 맛에 가깝다. 그렇게 하려면 ㉮ 물에 깨끗하게 씻은 무말랭이를 맛간장에 자작하게 넣고 2일간 불린다. ㉯ 맛간장에 불린 무말랭이를 손으로 꼭 짠 다음, 물에 불린 고춧잎을 넣고 갖은 양념에 무친다. 간은 따로 할 필요가 없다.

무말랭이의 단물을 빠지지 않게
하려면 물을 적게 잡고 불리는 시간을
최대한 줄여야한다.

북어포무침

 조리법

1 북어를 물에 불리거나 씻지 않은 상태에서 4~5cm길이로 잘게 찢어 포를 만든다.

2 고추장에 매실청, 올리고당, 다진 마늘, 참기름을 넣고 양념장을 만든다.

3 준비한 양념장의 2/3 정도를 북어포에 넣고 1차로 무친다.

4 1차로 무친 북어포를 하루 동안 냉장 보관하여 두었다가 남은 양념장과 깨소금을 넣고 2차로 무친다.

재료

북어포·········· 100g

양념

고추장·········· 2큰술

다진 마늘 ···· 1작은술

깨소금········· 1작은술

올리고당······ 1작은술

매실청·········· 1큰술

참기름·········· 약간

 시아버지의 잔소리

1 **북어포는 국을 끓이든 무침을 하든 절대 물에 담그지 말아야 한다.** 물에 담그면 북어포가 풀어져 맛이 없다.

2 바짝 말린 북어포를 수분이 많지 않은 양념장에 무치면 잘 무쳐지지가 않아 하루가 지난 후에 한 번 더 무쳐 주어야한다. 만약 요리 당일 꼭

상에 올려야 한다면 분무기로 북어포에 물을 살짝 뿌린 뒤에 양념장을 넣고 무치면 된다.

3 북어포무침은 힘이 들어도 고추장 한 가지로 양념을 하는 것이 좋다. 고추장에 간장을 섞어 양념장을 만들면 북어포에 간이 쉽게 배지만 북어포에 간장이 급히 스며들어 북어포가 물러지고 짜진다.

도토리묵무침

1 도토리묵 쑤기 : ㉮ 물과 도토리 전분가루의 최적 배합비율은 6:1이다. 소금은 1작은술을 넣어 간을 약하게 한다. ㉯ 도토리 전분가루에 물을 풀어 20분 이상 물에 불리고 나서 불을 올린다. ㉰ 끓기 전부터 주걱으로 계속 저어 주어야한다. ㉱ 끓기 시작하면 전분이 눌지 않도록 불을 중간으로 줄이고 **한 방향으로 계속 저어주며 끓인다.** 끓기 시작한 때로부터 30분간 더 끓인다. 끓이는 중간이라도 농도가 맞지 않으면 물을 더 넣거나 끓이는 시간을 늘

재료	
도토리가루·········2컵	
당근	
오이	
쑥갓	
실파	
양념	
고춧가루	
맛간장	
다진 마늘	
깨소금	
참기름	

린다. ㉰ 불을 끄기 직전에 참기름 5g정도를 떨군다. ㉱ 유리그릇이나 사기그릇에 부어 식힌다.

2 맛간장에 고춧가루, 다진 마늘, 다진 파, 깨소금을 섞어 양념장을 만든다.

3 도토리묵, 당근, 쑥갓을 썰어 무침그릇에 담고 양념장과 참기름을 넣어 무친다.

4 묵을 양념장에 무치지 않으려면 초간장을 만들어야 한다. 초간장은 맛간장에 다진 파, 고춧가루, 식초를 넣는다.

1 도토리묵은 감자가루나 밀가루 같은 다른 전분이 섞이지 않은 100% 순수 도토리가루로 쑤어야한다.

2 도토리묵은 물을 잘 잡아 농도를 알맞게 맞추어야한다. 묵이 질은 듯싶어도 식히면 굳어져 농도가 맞게 된다.

3 중간 이상의 불로 30분은 쑤어야 묵에 탄력이 생기고 맛이 있다.

오이지

재료

오이 ·············· 50개

천일염 ··········· 2.5컵

볏짚

차돌

1 오이를 물로 깨끗이 씻어 물기를 뺀 다음, 마른 행주로 남아있는 물기를 깨끗이 닦는다.

2 오이를 작은 항아리에 차곡차곡 올려쌓은 다음 그 위에 볏짚을 놓고 묵직한 차돌을 올려놓는다.

3 들통에 물 5.5 l 를 끓인 후, 끓는 물에 천일염(2.5컵)을 넣고 다시 끓인다.

4 펄펄 끓는 소금물을 항아리에 찬찬이 따라 붓는다. 오이가 작은 경우에는 끓인 소금물을 다 넣지 말고 소금물을 조금 남긴다.

5 항아리의 뚜껑은 반드시 항아리가 완전히 식은 후에 덮는다. 적어도 8시간은 지나야 한다.

6 담은 지 5~6일이면 오이가 다 익는다. 오이가 다 익기 하루 전에 김치통에 옮겨 담아 김치냉장고에 넣으면 오랫동안 맛이 변하지 않고 아작아작 씹는 맛이 오래간다. 김치통에 오이를 옮겨 담을 때에도 오이가 뜨지 않도록 차돌을 꼭 올려놓아야한다.

7 숙성이 다되면 오이지무침이나 오이지냉국을 만든다.

1 오이를 물에 씻은 다음, 물기를 마른 행주로 완전하게 씻어내야 꼬까지
가 덜 생긴다.

2 소금은 처음부터 넣고 끓이지 말고, 물이 펄펄 끓어오를 때 집어넣고
다시 끓인다. 소금물은 오이에 맞추어 최대한 물을 적게 넣어야 오이지
가 맛이 있다. 오이지오이 50개를 기준하여 물 5.5 l 면 충분하다. 처음
에는 오이가 다 잠기지 않아 소금물이 적은 듯 보여도 16시간이 지나면
오이는 돌에 눌려 가라앉고 소금물은 오이에서 빠진 물로 차올라와 오
이가 완전히 잠긴다. 오이가 작아 소금물에 잠기고도 남으면 이때라도
오이가 겨우 잠길 때까지 소금물을 과감하게 덜어내야 한다.

3 오이가 물에 뜨지 않도록 오이를 묵직한 차돌로 눌러준 다음, 소금물을
부어야 오이가 물러지지 않는다. 돌이 가벼우면 오이에 소금물이 많이
스며들어 오이가 쪼그라들지 않는다.

4 볏짚을 넣으면 볏짚에 있던 발효균이 활성화 되어 오이가 잘 숙성된
다. 그 결과 오이지의 맛이 볏짚을 넣지 않았을 때보다 한결 좋아진다.
오이의 색깔은 노란색에 가까운 연두색을 띤다.

5 열을 받은 항아리는 쉽게 식지 않는다. 반드시 항아리가 완전히 식은
뒤에 항아리뚜껑을 덮어야한다. 항아리가 식기 전에 항아리뚜껑을 덮

으면 남아있는 항아리의 열기로 오이가 익어 물러진다.

6 싱겁게 담으면 여름에 숙성 자체가 어렵고 오이지가 맛이 없다. 오이지가 짭조름해야 오이지무침을 하더라도 맛이 있고 오이지냉국을 하더라도 맛이 있다.

7 오이지를 담고 나서 3일이 되면 수면에 흰 꼬까지가 얇은 막을 형성하게 된다. 이는 오이가 잘 익고 있다는 신호다. 반대로 흰 꼬까지가 피어나지 않고 작은 물방울이 멍울멍울 모여 투명하게 위로 올라오면 제대로 숙성이 되지 않고 있다는 신호다. 염도가 낮거나 고온일 때 일어나는 현상이다. 이런 때는 거품을 걷어내고 오이를 김치통에 옮겨 담아 김치냉장고로 바로 옮겨야한다.

8 오이지용 오이는 5월 중순경부터 50개 묶음으로 나온다. 오이는 돌기가 크고 껍질이 두꺼운 가느다란 오이가 속이 무르지 않고 단단하다. 오이꼭지에 꽃이 달려있는 오이가 싱싱하다. 일반오이로 오이지를 담으면 수분이 많아 오이지가 무르게 된다.

9 오이지가 잘 숙성되면 오이껍질이 쪼글쪼글해지고 오이속이 연두색으로 맑게 보인다. 오이가 잘 눌러지지 않으면 오이에 소금물이 많이 배어 오이가 무르고 맛이 덜하다.

10 오이지를 담은 지 3일 후에 소금물을 따라 내고 이를 다시 끓여 부으면 오이에 남아 있던 수분이 상당부분 빠져 오이가 더 쪼글쪼글 해진다. 소금물을 한번만 끓여 부으면 오이지는 아작아작 씹히는 맛이 나

는데 비하여, 소금물을 두 번 끓여 부은 오이지는 장아찌와 비슷하게 오돌오돌 씹히는 맛이 난다. 보관성에 있어서는 두 번 끓여 부은 오이지가 낫다. 두 달 이상 장기보관이 가능하다.

11 오이는 무기질이 다량으로 함유된 여름철의 대표적인 발효식품이다. 특히 오이지냉국은 각종 '더위병'을 이겨 내게 하는 '천연이온음료수'로 여름철에 우리 몸의 염분을 조절해 주는 역할까지 한다.

12 한 달 이상 진행하는 여름장마기간에는 야채가 귀하기도 하지만 야채가 싱거워져 무엇을 해도 맛을 내기 어렵다. 장마가 시작되기 전에 오이지를 한 항아리 담아 놓으면 여름 먹거리를 마련함에 있어 큰 시름을 덜 수 있다.

special page

오이지무침

1 오이지 3개를 0.4cm 두께로 썰어 물기가 없도록 최대한 꼭 짠다.

2 고춧가루, 다진 마늘, 올리고당을 넣고 조물조물 무친 다음, 깨소금과 참기름을 넣고 다시 무친다. 오이지무침에 다진 파, 매실청, 식초는 넣지 않는다.

곰취, 더덕장아찌(무침)

1 피더덕은 껍질을 벗겨내고 더덕구이를 할 때와 같이 배를 반쯤 갈라 방망이나 칼등으로 두드려 핀다. 취나물은 씻어 체에 밭쳐 물기를 뺀다.

2 작은 항아리에 곰취를 반 정도 깔고 더덕을 올려놓고 나머지 곰취를 그 위에 올려놓는다. 큰 도자기 접시하나를 맨 위에 올려놓는다.

3 진간장 1.5 *l* 에 물 3.6 *l* 섞어 끓인다. 간장이 끓어갈 무렵 식초 반 컵을 넣고, 펄펄 끓으면 끓는 간장을 항아리에 바로 붓는다.

4 간장이 완전하게 식으면(4시간 후) 매실청을 넣고 김치통에 옮겨 담은 뒤, 그 위에 작은 접시 두 개를 올려놓는다. 간장은 곰취가 잠길 정도로 붓고 나머지는 버린다. 이틀 동안 실온에 두었다가 김치냉장고에 옮겨 10일 동안 숙성시킨다.

재료	
곰취	3kg
피더덕	1kg
진간장	
식초	
매실청(2컵)	
양념	
다진 마늘	
참기름	
깨소금	
올리고당	

1 취나물 절이기 위하여 넣는 간장과 물은 적게 넣어야 한다. 오이나 양파를 절일 때와 똑같다.

2 곰취 하나를 절이는 것보다 더덕을 함께 절이면 더덕의 향과 취나물의 향이 어우러진다. 더덕은 힘이 들어도 피더덕을 직접 까서 쓰면 좋다.

3 취나물을 그대로 두면 나물이 물러지므로 취나물이 물에 뜨지 않게 무게가 나가는 도자기접시 하나를 올려놓는다.

4 절인 곰취나물은 겨울까지 장기간 보관하여도 나물이 물러지지 않는다. 3개월이 넘으면 간장에서 거품이 생기는 경우가 있으나 상한 것이 아니므로 개의치 않아도 된다.

5 곰취는 4월말에서 5월말까지 채취되므로 때를 놓치지 말아야한다. 산곰치는 줄기에 홈이 깊이 파있고 한쪽 날에 붉은 줄이 가있다. 줄기가 동그라면 산곰치가 아니라 곤달비다.

6 곰취나물무침을 만들려면, ㉮ 절인 더덕과 곰취를 꺼내 손으로 가볍게 짜준 다음 물에 헹구지 말고, 더덕은 골라내 손으로 가늘게 찢는다. 절인 곰취의 간이 강하면 소쿠리에 곰취를 담아 흐르는 물에 받쳐 간기를 살짝 빼낸다. ㉯ 더덕과 곰취를 무침그릇에 담고 다진 마늘, 올리고당을 넣고 무친 다음, 들기름(참기름)과 깨소금을 넣고 한 번 더 무친다. ㉰ 곰취나물에는 고춧가루나 파를 넣지 않아야 깊은 맛이 그대로 산다.

통마늘장아찌

 조리법

1 마늘뿌리를 깨끗이 잘라내고, 꼭지는 1cm 여유를 두고 잘라낸다. 속껍질을 두겹 남기고 겉껍질을 깨끗이 벗겨낸다.

2 다듬은 마늘통을 물에 씻지 않은 채로 큰 유리병(10 *l*)이나 김치통에 담는다. 그릇에 생수 3.2 *l* 를 붓고 소주, 식초, 진간장, 매실청을 넣은 다음, 소금을 풀어 간을 맞춘다. 날이 더우면 김치냉장고로 옮길 것이므로 간은 짜지 않게 한다.

3 소금물을 유리병에 따라 붓고 랩으로 뚜껑을 감싼 다음, 뚜껑을 꼭 달고 그늘진 곳에서 한 달간 익힌 후 김치냉장고로 옮겨 날씨가 더워 질

재료	
햇마늘·· 중간크기 1접	
양념	
천일염	1.3컵
식초	1.5컵
진간장	3/4컵
소주	1.5컵
매실청	2컵

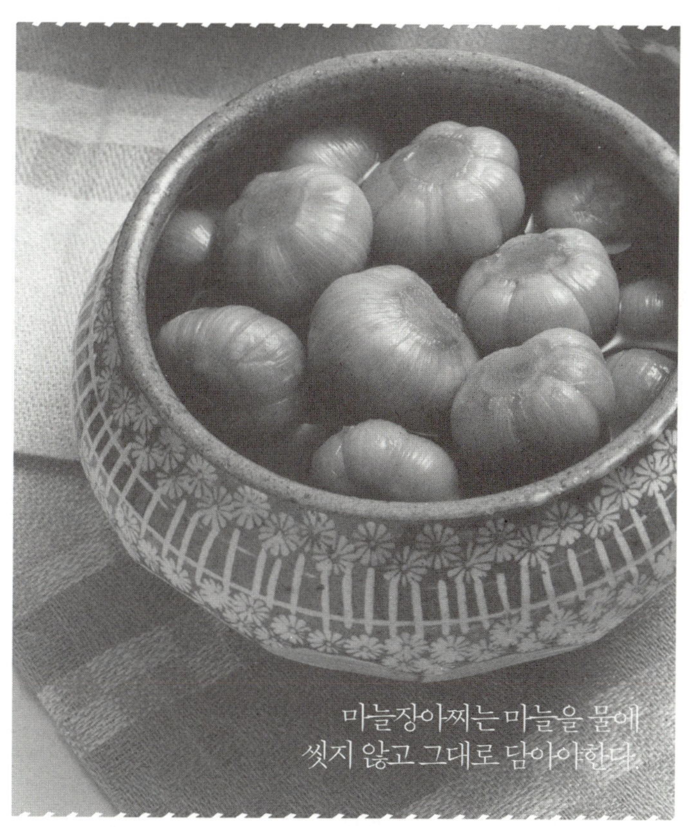
마늘장아찌는 마늘을 물에
씻지 않고 그대로 담아야한다.

때(7월 10일경) 김치냉장고에 넣는다. 담은지 4개월이 지나면 매운맛이 가시고 간이 배여 먹을 수 있다. 1년간 보관이 가능하다.

1 마늘장아찌는 5월 중순부터 6월 초순까지 논에서 키운 햇마늘로 담아야한다. 그 중에서도 보라색이 짙은 중간 크기의 마늘이 달고 맛이 있다. 6월 중순이 되면 논마늘이라도 매운맛이 들어 마늘장아찌를 담기에 적합하지 않다.

2 소금물의 양은 마늘의 크기에 따라 조절하고, 조절한 물의 양에 따라 소금의 양을 조절한다.

3 마늘장아찌는 마늘을 물에 씻지 않고 그대로 담아야한다. 밑동을 도려내고 껍질의 2~3커플을 벗겨내면 깨끗하다. 마늘을 물에 씻으면 마늘이 물러지고 간을 맞추기 어려워진다.

4 마늘의 껍질을 다 벗겨내고 알마늘로 장아찌를 담는 방법도 있으나, 오래두고 먹으려면 통마늘로 담는 통마늘장아찌가 낫다.

5 마늘장아찌는 소금물을 끓여 담지 말고 맹물에 천일염을 타서 담는다. 낮은 염도에서 실온으로 장기간 숙성을 시켜야하기 때문에 소주가 꼭 들어 가야한다.

6 마늘장아찌를 담고 나서 10일간은 간이 맞는지 확인을 하여야한다. 작은 기포가 올라오는 것은 정상적인 숙성과정이다. 그러나 국물이 탁해

지기 시작하면 간이 싱겁다는 신호이므로 국물이 더 탁해지기 전에 소금물 2컵을 따라내어 소금을 알맞게 풀어 넣어 염도를 높여 주어야한다.

7 마늘장아찌에 단맛을 내는 데는 설탕보다 인공감미료가 낫고 인공감미료보다는 매실청이 낫다.

8 진간장을 넣는 것은 맛을 내기 위한 것이 아니라 색깔을 맞추기 위한 것이다. 간장색이 연하게 비칠 정도로 진간장을 조금만 섞어주면 된다.

9 통마늘장아찌는 4개월이 지나면 소금간이 90% 밴다. 상에 올릴 때는 국물 없이 마늘만 올리면 맛이 덜하다. 통마늘을 2등분하여 담은 그릇에 1/3쯤 국물이 차도록 하면 맛이 더 좋다.

양파장아찌

1 양파는 껍질을 벗긴 다음, 2등분하고 풋고추(또는 홍고추)는 잘게 타원형 모양으로 채를 썰어 놓는다.

2 물 2 *l* 에 진간장 1 *l* 를 섞어 끓인다.

3 항아리를 깨끗이 닦고 물기를 제거한 다음, 양파와 풋고추를 집어넣고, 펄펄 끓인 간장을 양파가 잘박하게 잠길 때까지 붓는다. 매실청과 식초는 2시간이 지난 뒤에 따라 넣는다.

4 5시간이 지난 후 양파가 뜨지 않도록 도자기 접시를 양파 위에 올려놓고 실온에서 10시간 둔 뒤, 김치통에 옮겨 담아 냉장 보관한다.

재료	
절임용 양파	2자루, 6kg
홍고추	30개
진간장	1ℓ
매실청	3컵
식초	2컵

1 양파는 물에 씻지 않고 그대로 담아야한다. 펄펄 끓인 간장을 식혀 부으면 양파가 질겨진다.

2 절임용 양파로는 갓난아기 주먹 크기의 작은 양파가 좋다. 절임용 양파 중에서는 5월 하순에 나오는 햇양파가 맵지 않고 향이 짙어 양파장아찌를 담기에 좋다.

3 **간장은 양파에 간이 밸 정도만 최소량을 붓는다.** 양파절임은 간을 심심하게 하여 냉장 보관하여 익혀야한다.

4 양파장아찌에는 설탕, 인공조미료를 넣지 않는 대신 매실청을 넣어 단맛을 낸다.

5 절인양파는 숙성이 다 되고나면 간이 조금 싱거워진다.

6 양파를 잘게 썰어 담으면, 양파에 간이 쉽게 배고 양파 색깔이 장색으로 변한다. 양파를 적게 담을 때는 양파를 잘게 썰어 담고, 많이 담을 때나 2개월 이상 오래두고 먹으려면 양파를 통째로 담는 것이 좋다. 통째로 담으면 2개월이 지나서도 양파가 무르지 않고 양파 색깔이 누렇게 변하면서 속까지 맛있게 익는다. 통채로 양파장아찌를 담을 때에는 풋(홍)고추는 넣지 않는다.

7 절임용양파가 나오는 계절이 지나면, 일반양파를 이용해 겉절이 식으로 양파절임을 담으면 된다. 담는 요령은 양파장아찌와 똑같으며 다른 점은 ㉮ 간이 잘 배도록 양파를 미리 작은 크기로 썰어 절여야 한다는 것과, ㉯ 풋(홍)고추 이외에 생강, 오이, 셀러리를 물에 씻어 물기가 없도록 한 다음, 잘게 썰어 양파와 함께 절여야 한다는 것이다. 이때, 잘게 썬 양파는 오래두면 짜지므로, 2주 이내에 먹을 분량만 담는다.

겨울동치미

1 무청은 고갱이만 남겨두고, 긴 무청은 손으로 잘라 낸 다음, 찬물로 무를 깨끗하게 씻는다.

2 항아리의 안쪽을 물기가 없도록 마른 행주로 깨끗하게 닦아 주고, 대파의 뿌리를 물에 깨끗하게 씻은 다음, 파란색 잎은 잘라내고 뿌리 채 대파를 항아리 밑에 깔아놓는다. 무에 소금을 묻히기 위해, 무를 굴릴 그릇을 준비하고 여기에 천일염 4컵을 넣는다. 무를 하나하나 굴려 천일염을 고루 묻힌 다음, 무를 항아리에 차곡차곡 집어넣고 3일간 절인다. 무가 고르게 절여지도록 2일이 지나면 무를 모두 들어낸 뒤, 위에 있던 무는 아래로, 아래에 있던 무는 위로 위치를 바꿔준다.

3 생강은 편을 썰어 알마늘과 함께 삼베주머니 2개에 각각 나누어 담고 저민다.

4 배는 껍질 채로 2등분하고 검은 씨는 빼낸다.

5 무가 다 절여지면 절여진 무는 모두 꺼내놓고, 무를 절이면서 생긴 진

재료	
동치미무	40개
마늘	70알
생강	250g
배	4개
절인청양고추	60개)
대파	6뿌리
천일염	6컵)

국 2 *l* 를 큰 용기에 붓는다. 물에 떠있는 잡티는 거름망으로 걷어낸 후, 생수 13 *l* 를 붓고 소금 2컵을 넣어가며 간을 맞춘다. 무를 소금에 굴려 절일 때 들어간 소금의 양이 많고 적음에 따라, 이때 넣는 소금의 양은 다소 차이가 날 수 있다.

6 항아리 맨 밑에는 3일간 절인 대파를 다시 깔고, 절여진 무를 하나하나 집어넣으면서 무 사이의 공간에 절인 고추를 끼어 넣는다. 생강마늘주머니(2개)는 무를 항아리의 절반 높이만큼 쌓고 나서 공간에 끼어 넣는다. 배(반쪽 8개)는 항아리의 위쪽 3분의 2 지점에 엎어 놓고 물에 뜨지 않도록 배 위에 무를 한층 더 얹어놓는다.

7 무를 항아리에 집어넣고 그 위에 묵직한 돌을 올려 눌러준다. 돌이 소금물에 완전히 잠기도록, 준비된 소금물을 넉넉하게 붓는다.

1 동치미를 담는 시기는 중부지방을 기준으로 11월 중순이다.

2 무를 다듬을 때는 무에 상처가 나지 않게 부드러운 수세미로 깨끗하게 씻는다. 무청을 자를 때 칼을 사용하지 않아야하며, 잔뿌리 하나라도 잘라내지 말아야한다. 무에 흠집을 내면 소금물이 스며들어 무가 물러지고 국물이 탁해진다.

3 무를 오래 절이면 절일수록 무가 단단해진다.

4 대파는 파란 잎을 잘라내고 뿌리 채로 다 집어넣는다. 동치미의 단 맛

 무청고갱이는 무와 함께 익으면 무와 색다른 맛이 난다.

5 동치미는 간을 딱 맞추어 담는 것보다 짭짤하게 담는 것이 안전하다. 국물이 짜면 기온이 좀 높아도 탈이 없고 먹을 때 맹물을 조금 타서 간을 맞추면 되기 때문이다. 그러나 국물이 싱거우면 정상적으로 발효가 되지 않아 중간에 해결할 방도가 없다.

6 동치미를 숙성시키는 데 가장 적합한 온도는 영상 3도~6도 사이다. 동치미가 놓인 곳에 온도계를 준비하여 아침저녁으로 기온을 확인하고 적정온도가 유지되도록 온도를 조절하여야한다.

7 쪽파와 미나리는 발효의 속도를 빠르게 진행시킬 뿐 동치미의 맛을 내는 데는 아무런 도움이 되지 못한다. 홍갓 역시 동치미의 맛과는 관계가 없다.

8 동치미에 넣을 고추는 고추의 향이 절정에 이른 늦가을에 딴 청양고추를 절인 것이어야 한다. 고추가 뜨지 않도록 고추를 얹은 위에 무를 올려 눌러 주어야한다.

9 동치미무가 뜨지 않도록 맨 위에는 돌을 올려 무를 눌러주어야 무가 무르지 않는다.

10 동치미의 숙성기간은 염도와 기온에 따라 조금씩 차이가 있으나, 소금물을 부은 날로부터 최소 30일은 걸리고 40일이면 맛이 완전하게 든다.

11 동치미를 처음 뜰 때 위에 떠있는 흰 막은 거름망으로 깨끗이 건져낸

다. 2월이 되면 낮 기온이 10도가 넘어, 실온에 그대로두면 동치미의 국물이 맛을 잃게 된다. 고추, 대파, 배와 함께 김치통에 담아 김치냉장고로 옮겨야한다. 이때 생강마늘주머니는 빼내고 돌은 계속 눌러주어야한다.

12 배는 무에 비하여 무르고 소금간이 빠르게 배기 때문에 오래두고 먹지 못한다. 최대한 길게 잡아 1월 말까지다. 김치냉장고에 보관하면 동치미는 4월말까지 간다.

동치미 무채나물

동치미무를 채로 썰어 갖은 양념을 넣어 무치면 깊은 맛이 나는 겨울철 무생채나물이 된다.

1 무생채크기로 채를 썬 다음, 물에 가볍게 씻어 간기를 뺀다.

2 다진 마늘, 다진 파, 고춧가루, 들깨가루를 넣어 무친다. 들깨가루는 무채에 남아 있는 간기를 흡수하여 짭짤한 무채의 간을 알맞게 조절해준다.

3 올리고당과 참기름을 순서대로 넣고 무친다.

고추 소금절임

절임에 쓰는 고추로 일반 풋고추를 쓰면 물러져 쓸 수가 없기 때문에, 10월 중순 서리가 내리기 직전에 따낸 청양고추로 절여야한다. 이때 따낸 풋고추는 맵고 단단하여 절이면 향이 독특하여 동치미의 맛을 내는 데 결정적인 역할을 한다.

1 풋고추(1.5kg)를 물에 씻어 물기를 빼내고 작은 김치통에 담고 눌림 돌을 올려놓는다.

2 물 2ℓ 에 1.3컵을 넣고 소금물을 만든다. 소금물의 염도는 오이지의 1.5배로 짜게 하고 소금물은 끓이지 않는다. 식초나 설탕은 넣지 않는다.

3 소금물을 고추 위에 따라 붓고 실온에서 익힌다.

4 20일이 지나면 고추의 색깔이 노랗게 변해지고 고추의 향이 진하게 난다. 그러면 다 절여진 것이다. 이 상태 그대로 10일 정도까지는 더 두어도 되나, 담은 지 한 달이 넘으면 상할 수 있으므로 냉장 보관시켜야한다.

고추 간장절임

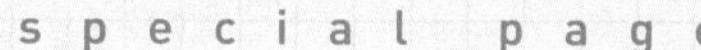

1 고추 간장절임은 10월 중순 서리가 내리기 직전에 딴 매운맛이
  나는 풋고추를 절여 늦은 봄까지 먹는 전통음식이다.

2 풋고추(3근)의 꼭지를 조금 남기고 모두 잘라낸 다음, 물에 씻어
  물기를 뺀 후 고추의 끝 쪽을 나무침으로 하나하나 찔러준다. 고
  추를 작은 항아리나 김치통에 차곡하게 담고 고추가 뜨지 않도록
  돌로 눌러준다.

3 진간장 2ℓ에 물 3컵, 소주 2컵, 설탕 2컵, 식초 1.5컵을 넣은
  뒤, 설탕이 녹을 때까지 저어준다. 소주를 넣었기 때문에 진간장
  은 끓이지 않는다.

4 고추가 겨우 잠기도록 진간장을 고추 위에 따라 붓는다.

5 실온에 2개월간 익힌다. 늦은 봄이 되면 상할 염려가 있으니 김치
  냉장고로 옮긴다.

흔히 경험한다. 다만 그 원인이 음식을 조리하는 방법에 있는지, 음식에 들어가는
재료에 있는지를 바로 찾아낼 정도에 이르면 자신감을 얻게 된다. 바로 그런 자신
감을 가질 수 있도록 하는데 이 책이 큰 도움을 주게 될 것이라 확신한다.

물론 똑같은 조리법을 놓고도 음식을 만드는 사람에 따라 맛의 차이가 나는 게 음
식이라서, 조리과정을 안다하여 무조건 음식을 제대로 해낼 수 있을 것이라는 부
푼 기대는 접는 것이 좋다. 음식을 하다보면 실망할 때가 있고 2% 부족한 경우도
흔히 경험한다. 다만 그 원인이 음식을 조리하는 방법에 있는지, 음식에 들어가는
재료에 있는지를 바로 찾아낼 정도에 이르면 자신감을 얻게 된다. 바로 그런 자신
감을 가질 수 있도록 하는데 이 책이 큰 도움을 주게 될 것이라 확신한다.

찌개, 탕

된장찌개

1 다시마와 멸치를 넣고 다싯물(3컵)을 낸다. 멸치는 물이 끓고 나서 넣고 다시마는 처음부터 넣고 끓이다가 7분 뒤에 건져낸다. 멸치는 내장을 빼내고 넣는다.

2 된장을 풀기 전에 감자, 무, 우렁이, 표고버섯을 넣고 15분간 끓여 감자를 익힌 다음, 멸치는 건져낸다.

3 된장을 풀어 간을 짭짤하게 맞추고 끓인다.

4 된장이 보글보글 끓어오르면 호박, 두부, 풋고추, 고춧가루, 다진 파를 넣고 8분간 끓인다.

재료	
열무	3단
된장	2큰술
감자	150g
무	150g
두부	반모
호박	100g
표고버섯	30g
양념	
멸치	
다시마	
우렁이	
고춧가루	
풋고추	
다진 파	

된장찌개는 오래 끓이면 끓일수록
떫은맛이 생긴다.

1 된장찌개는 오래 끓이면 끓일수록 떫은맛이 생긴다. 된장국과 같이 오래 끓이는 것이 아니다. 옛말에 "된장국은 마실 나가는 영감 뒷통수를 보고 안치고 된장찌개는 영감이 들어오는 대문소리를 듣고 안친다.", "밥이 급하지 된장찌개는 급하지 않다."는 말이 있다. 된장찌개는 오래 끓이지 말아야한다는 것을 강조한 옛날 말들이다. 된장에 들어 있는 바실러스균을 최대한 보장하기 위하여 10분 이내로 끓여야 한다는 현대과학의 원리를 옛날 할머니들은 이미 알고 있었다.

2 된장찌개는 된장을 넉넉하게 풀어 짭짤하게 끓여야 두부에 간이 배고 찌개가 맛이 있다. 된장을 적게 넣고 심심하게 끓이면 된장국과 비슷해 찌개의 맛이 나지 않는다.

3 다싯물을 끓일 때 멸치는 물이 끓고 나서 집어넣어야 멸치의 비린 맛이 나지 않는다.

4 양파는 단맛이 강한 편이어서 된장찌개에 넣지 않는 것이 좋다. **마늘 역시 된장의 맛을 가린다.**

5 된장찌개에 무를 썰어 넣으면 된장의 짠맛이 줄어들고 시원한 맛까지 낸다.

6 고춧가루를 적게 넣는 대신 풋고추(또는 홍고추)를 썰어 넣는다. 청양고추는 매운맛이 강하여 많이 넣거나 오래 끓이면 쓴맛이 생긴다. 청양고추를 넣으려면 1개를 썰어 마지막에 넣고 2분 이내로 끓여야한다.

생태찌개

1 생태는 소금을 약하게 뿌려 30분간 가볍게 절인다. 내장과 알을 빼낸 뒤 찬물에 흔들어 씻고 아가미까지 깨끗이 씻은 다음, 생태를 3등분한다.

2 물 3컵에 다시마를 넣고 육수를 낸다.

3 무를 1.5cm 두께로 두툼하게 썰어 냄비에 담아, 고추장과 고춧가루에 비벼 육수를 내는 동안 재운다.

4 냄비에 생태, 대파, 다진 마늘, 풋고추를 얹은 다음, 육수를 붓고 끓인다.

5 처음 끓일 때는 뚜껑을 열고 끓이다가, 한 김이 나면 뚜껑을 덮고 15분간 끓인다. 두부는 끓이는 중간에 넣는다.

6 소금으로 간을 맞춘 후 앞서 ①에서 씻어둔 내장과 알을 얹은 다음, 5분간 더 끓이고 나서 쑥갓을 얹고 1분 뒤에 불을 내린다.

재료
생태··········1마리
무··········200g
두부··········1/2모
쑥갓
대파··········1뿌리
다시마
양념
고추장········1큰술
소금
다진 마늘 ·····1작은술
풋고추··········1개
고춧가루······1.5큰술

1 생태를 절이지 않고 그대로 끓이면, 흰 살이 부스러지고 간이 배지 않아 생선살이 싱겁고 맛이 나지 않는다. 생태를 소금에 살짝 절이면 생선의 육질이 졸깃해지면서 비린내가 줄어들고 생선에 밴 간이 찌개국물과 비슷해져 한결 맛이 있다.

2 생태는 비린 맛이 덜하여 된장 대신 고추장을 푸는 것이 낫고 부족한 간은 간장보다 소금으로 하는 것이 낫다. 풋고추대신 청양고추를 넣을 경우에는 마지막에 넣어야한다. 청양고추를 오래 끓이면 고추에서 쓴맛이 생긴다.

3 생선찌개나 조림은 뚜껑을 처음부터 덮고 끓이면 비린내가 빠지지 않으므로 처음 끓어오를 때 나는 한 김을 빼주고 나서 냄비뚜껑을 덮는다.

4 씻어두었던 생태의 내장과 알은 마지막에 넣고 5분간 살짝만 익혀야한다.

생태의 내장과 알은 마지막에 넣고
5분간 살짝만 익혀야한다.

대구탕

1 생태의 경우와 같이 대구의 경우도 미리 소금에 30분간 살짝 절여야 한다.

2 맛간장에 고춧가루, 다진 마늘을 넣고 양념장을 만든다.

3 무를 1.5cm 두께로 두툼하게 썰어 냄비에 담고 양념장 2큰술을 넣어 고루 섞는다.

4 냄비에 대구와 대파를 순서대로 얹고 물 7컵을 붓는다. 대구위에 양념장을 쏟아 붓고 끓인다. 떠오르는 흰 거품을 주걱으로 3~4회 걷어낸다. 냄비뚜껑을 덮고 불을 중간으로 줄여 15분간 더 끓인다.

5 소금으로 간을 맞춘 다음, 알(또는 고니), 두부, 대파, 미나리, 콩나물, 풋고추를 넣고 5분간 더 끓여준 다음, 마지막으로 쑥갓을 얹는다.

재료	
대구	1.2kg
무	250g
미나리	
콩나물	
쑥갓	
두부	1모
대파	
양념	
맛간장	반 컵
고춧가루	1.5큰술
다진 마늘	1작은술
소금	

1 대구탕에는 미나리나 콩나물을 넣고 끓이면 탕이 한결 시원하다.

2 '눈 본 대구, 비 본 청어'란 말은 함박눈이 내릴 때는 대구를, 이슬비가 내릴 때는 청어를 먹으라는 옛말이다. 대구탕은 겨울철에 끓여야 제 맛이 난다.

3 대구도 다른 생선과 같이 소금에 살짝 절인 후 끓여야한다. 특히 대구는 살이 부드러워 소금에 절여야 살이 부스러지지 않고 육질이 단단해진다.

4 고니나 알은 마지막에 넣어 살짝 데치는 정도로 익혀야한다.

5 양념장에 고추장을 1큰술 넣어도 좋다. 대구는 생태와 같이 비린 맛이 덜하므로 된장은 풀지 않는다.

6 냉동대구는 반드시 찬물에 담가 서서히 해동을 시켜야하고 뜨거운 물에 바로 담그면 살이 물러지고 맛이 없다.

두부찌개

조리법

1 새우젓, 다진 마늘, 고춧가루를 섞어 양념
  장을 만든다.

2 냄비에 두부가 잠길 정도로 다싯물(멸치, 다
  시마) 3컵을 붓고 끓인다.

3 끓는 물에 두부가 다 데쳐지면 양념장을 넣
  고, 불을 중간으로 줄인 후 두부에 양념이
  충분하게 밸 때까지 10~12분간 끓인다.

4 대파는 어슷하게 썰어 중간에 넣는다.

5 다 끓이고 나서 참기름을 두 방울 떨어뜨린다.

재료	
두부	1모
대파	(2뿌리
멸치육수	
양념	
새우젓	1큰술
다진 마늘	1작은술)
고춧가루	1작은술
참기름	

시아버지의 잔소리

1 두부찌개의 간은 새우젓으로 하고, 다싯물은 적게 잡아 자작하게 끓여
  야 한다.

2 두부찌개에는 대파를 많이 넣어야 맛이 있다.

3 생두부에 바로 양념장을 얹고 끓이면 두부에 간이 잘 배지 않는다. 끓는 다싯물에 두부가 데쳐졌을 때 양념장을 넣고 끓여야 두부 속까지 양념이 밴다.

4 두부를 넣어 끓인 찌개나 국은 끓이자마자 바로 상에 올려야한다. 두부가 뜨거울 때 부드럽고 맛이 있다. 끓으면서 부풀어 올랐던 두부가 식으면 숨이 바로 죽어 굳어진다.

순두부찌개

조리법

1 냄비에 식용유를 두르고 잘게 다진 쇠고기, 다진 마늘을 넣고 소금으로 간을 하고 먼저 볶는다.

2 순두부와 물 3컵을 넣고 새우젓으로 간을 맞춘 다음, 5분간 끓인다.

3 바지락, 다진 파, 고춧가루를 넣고 간을 확인한 다음, 3분간 더 끓인다.

4 불을 내리기 전에 참기름을 조금 친다.

재료	
순두부	2모
쇠고기	80g
대파	1뿌리
양념	
새우젓	
다진 마늘	
고춧가루	
조갯살	
참기름	

시아버지의 잔소리

1 쇠고기는 잘게 다져도 되고 갈아 써도 좋다.

2 순두부찌개에는 순두부의 순수한 맛을 잃지 않도록 김치 같은 발효식품은 일체 넣지 않는다.

3 순두부찌개에는 바지락을 넣는다. 바지락은 순두부와 잘 어우러져 감

칠맛을 낸다.

호박찌개

1 호박의 속을 긁어내고 0.6cm 두께로 썬다. 특히 가을철에 나는 호박에 박혀 있는 호박 씨는 모두 빼내야 한다.

2 냄비에 쌀뜨물을 1컵만 붓고 호박, 새우젓, 다진 마늘, 고춧가루, 새우를 함께 넣고 중간 불로 8분정도 끓이다가 다진 파를 넣고 1분후 불을 끈다.

재료	
애호박	400g
대파	
양념	
새우젓	1큰술
다진 마늘	1작은술
고춧가루	1작은술
마른새우	15g

1 호박찌개 역시 맛있는 호박으로 끓여야 찌개가 맛이 있다. 호박찌개는 여름보다 찬바람이 부는 가을에 끓여야 제 맛이다.

2 쌀뜨물 대신 멸치육수를 내어 써도 좋다.

3 호박찌개는 새우젓 하나로 간을 하는 것이 좋다.

콩비지찌개

1 김치의 국물을 짜내지 않은 상태에서 김치를 송송 썰어 놓고 돼지고기를 같은 크기로 썰어 놓는다.

2 냄비에 식용유를 두르고 김치와 돼지고기를 함께 센 불에 5분간 볶는다.

3 물 4컵을 붓고 20분간 김치와 고기를 익힌다.

4 콩비지를 넣고 새우젓으로 간을 한 후, 후르르 끓으면 불을 조금 줄이고 4분간 더 끓인다. 가장자리에 거품이 보이면 불을 끈다.

재료
흰콩 ············· 1컵
돼지고기 ········ 120g
김장김치 ········ 250g
양념
새우젓 ········· 1큰술

1 콩비지는 본래 두부를 만들고 난 부산물이어서 구수한 맛이 떨어지고 영양분도 두부에 비하여 떨어진다. 콩의 고소한 맛과 콩의 영양분을 그대로 살리려면 흰콩을 물에 10~12시간 불려 믹서에 갈아 콩비지를 직접 만들어 써야한다.

2 불린 콩을 갈 때는 콩탕을 끓일 때와 같이 콩을 곱게 갈지 않아야 씹히
  는 맛이 생긴다.

3 콩비지는 오래 끓이면 고소한 맛이 떨어진다. 끓고 나서 4분 정도가 맞
  다.

4 새우젓간은 감칠맛이 있는 대신 담백한 맛이 덜하다. 비지의 고소한 맛
  과 담백한 맛을 내려면 돼지고기를 빼고 새우젓 대신 소금으로 간을 한
  다. 소금으로 간을 할 때는 들기름을 넣고 끓이면 비지의 고소한 맛이
  더 난다.

5 김치의 양념을 반쯤 털어내고 국물도 꼭 짜내면 비지의 색깔이 깔끔하
  지만 비지찌개의 맛은 김치의 양념과 국물을 그대로 넣었을 때가 더 좋
  다. 막김치나 햇김치로는 비지찌개의 맛을 내기 어렵다. 숙성이 잘된
  김장김치를 넣어야 비지찌개의 맛이 난다.

6 콩비지찌개에는 고춧가루, 마늘, 파를 따로 넣지 않는다.

7 김치찌개에는 김치나 돼지고기를 큼직하게 썰어 넣지만 비지찌개에는
  김치, 돼지고기 모두 송송 썰어 넣는다.

8 비지찌개는 물을 적게 잡고 끓이는 편이 낫다.

콩비지 만들기

1 메주콩(국내산 토종콩) 1컵을 물 4컵에 10시간 불린 다음, 불린 물과 함께 믹서에 간다. 겨울철에는 불리는 시간을 12시간으로 늘려야 하고 여름철에는 8시간으로 줄인다.

2 콩은 오랫동안 물에 불려야 콩비지가 부드럽고 구수한 맛이 생긴다. 불린 콩은 맷돌에 갈아야 갈리는 정도가 적당하고 콩비지의 맛이 제대로 난다. 맷돌이 귀한 요즈음에는 분쇄기나 믹서가 맷돌을 대신한다.

3 분쇄기나 믹서에 콩을 갈 때는 콩이 곱게 갈리지 않도록 하여야 한다. 콩비지는 콩국이나 콩탕과 다르다. 불린 콩을 곱게 갈면 씹히는 맛이 덜하고 콩의 고소한 맛이 떨어진다.

김치찌개

1 돼지고기는 앞다리살이나 목등심으로 도톰하게, 감자는 껍질을 벗겨 1.5m의 두께로, 김치는 4~5cm 길이로 썰어 놓는다.

2 냄비에 들기름을 넉넉하게 두르고 김치, 감자, 돼지고기를 함께 센 불에 5분간 볶는다.

3 냄비에 물 4컵을 붓고 끓인다. 찌개가 끓어오르면 불을 중간으로 줄이고 15분간 끓인다.

4 새우젓으로 간을 하고 두부, 나진 파, 고춧가루를 넣고 다시 10분간 더 끓인다.

재료	
김치	500g
돼지고기	150g
감자	150g
두부	1/2모
대파	
양념	
새우젓	1큰술
고춧가루	1작은술
들기름	1큰술

1 김치찌개에는 감자를 넣고 끓여야 국물이 구수하다. 감자는 물에 담그거나 씻지 않고 그대로 김치와 함께 볶는다.

2 돼지고기와 김치를 급히 볶아내면 김치의 간이 고기에 배지 않는다. 돼지고기와 감자에 김치의 간이 충분하게 배도록 센 불로 5분간 볶아야한다. 김치찌개에 넣는 식용유는 일반식용유보다 들기름이 낫다. 찌개의 국물이 더 구수해진다.

3 김치찌개의 간은 소금보다 새우젓으로 하는 것이 낫다.

4 김치에는 마늘, 파, 고춧가루가 들어있어 김치찌개에 이들을 새로 넣지 않아도 되지만, 고춧가루와 다진 파는 새로 넣는 것이 좋다.

5 김치찌개는 배추와 감자가 완전히 익을 정도로 푹 끓여야한다. 중간 불로 적어도 25분은 끓여야한다.

6 두부 역시 김치찌개의 국물간이 배어야 맛이 있다. 두부에 김치의 간이 배도록 두부를 중간에 넣고 10분 이상은 끓여야 한다.

7 김치 국물은 짜내지 말고 김치와 함께 다 넣어야한다.

청국장찌개

조리법

1 돼지고기를 썰고 김장김치를 3~4cm길이로
   썰어 놓는다.

2 국멸치, 다시마를 냄비에 넣고 물5컵을 부
   어 다싯물을 끓여 놓는다. 다시마는 중간에
   건져낸다.

3 냄비에 식용유를 조금 두르고 김치와 돼지
   고기를 함께 센 불에 5분간 볶아 낸 뒤에 다
   싯물을 붓고 끓인다.

4 김치가 2/3이상 익으면 청국장을 넣는다.
   청국장이 끓어오르면 두부, 풋고추, 다진 파

재료

청국장········· 150g
두부············· 1모
돼지고기 앞다리살
··············· 120g
호박··········· 80g
김장김치········ 200g
대파··········· 1뿌리
양념
소금········· 1작은술
다진 마늘 ····1작은술
풋고추··········· 1개
국멸치········· 30g
다시마
새우젓
식용유

를 넣고 새우젓으로 간을 맞춘다. 이때부터 8분을 더 끓인다.

1 청국장찌개의 맛은 전적으로 청국장에 달려 있다. 청국장이야말로 좀 처럼 제대로 띄운 청국장을 만날 기회가 없다. 콩을 삶아 청국장을 집에서 띄우는 방법을 배워 직접 띄워 봐도 원하는 맛을 내기 쉽지 않다. 시행착오를 두 세 번해야 할 수 있다.

2 청국장찌개에는 청국장을 많이 넣고 끓여야 제 맛이 난다.

3 청국장찌개에 넣는 김치는 완전히 익은 김장김치가 좋으며, 김장김치 속에서 꺼낸 무를 얇게 썰어 함께 넣으면 청국장과 어우러지고, 청국장의 간이 밴 무맛이 별미다.

4 청국장찌개에는 돼지고기 대신 쇠고기를 넣어도 좋다. 돼지고기는 구수한 맛이 있고 쇠고기는 시원한 맛이 있다.

5 청국장을 오랫동안 끓이면 쓴맛이 생긴다. 야채가 익고 두부에 간이 밸 정도로 잠깐 끓이면 충분하다.

6 청국장찌개에는 조갯살, 키조개, 냉동새우 같은 해산물을 넣지 않는다. 이런 것들을 넣으면 청국장의 담백한 맛이 가려진다.

7 고춧가루는 따로 넣지 않는다. 풋고추 대신 청양고추를 넣어도 좋다. 호박을 넣으면 좋지만 겨울에 구하기 힘든 호박을 꼭 넣을 필요는 없다.

8 청국장찌개는 겨울철음식이라 여름에는 청국장을 끓이지 않는 것이 좋

다. 여름에 콩을 물에 불리면 콩이 시고 청국장을 띄우는 것 자체가 어렵다. 여름에 띄운 청국장이나 냉동에 오래 보관해둔 청국장으로는 제 맛을 낼 수가 없다.

청국장을 오랫동안 끓이면
쓴맛이 생긴다.

청국장 띄우기

콩 삶기

1 일단 청국장 띄우기는 앞서 설명한 것처럼 겨울철에 하는 것을 전제로 한다. 콩(토종콩) 5컵을 물에 씻어 체에 밭쳐 물기를 뺀 후 물 2 l 에 10시간 불린다. 겨울에는 일반적으로 12시간 정도 콩을 불려야 콩이 완전히 불려 지지만 청국장을 담을 때는 콩을 완전하게 불리지 말고 2시간 정도 덜 불려야한다. 덜 불린 콩을 삶아 청국장을 띄워야 청국장이 더 잘 띄어지고 맛도 더 있다.

2 큰 찜통에 불린 콩(10컵)의 1.5배 분량의 물을 붓고 콩을 삶는다. 콩을 불린 물(4컵)은 버리지 말고 콩을 삶을 때 사용한다.

3 콩물이 넘쳐흐르지 않도록 뚜껑을 5분의 1쯤 열어 놓고 센 불로 30분간 끓여 물을 어느 정도 줄여놓은 다음, 불을 중간으로 줄여 물이 다 줄어들 때까지 3시간동안 콩을 삶는다. 중간 중간 콩을 뒤집어준다. 처음부터 불을 줄여 콩을 은근한 불에 삶으면 오랫동안 삶을 수밖에 없게 되는데, 콩을 오래 삶으면 콩이 물러진다.

4 3시간 반 동안 콩을 삶고 나면 남은 물이 조금 보이고 콩 색깔은 진해진

다. 콩이 눌어붙지 않도록 이때부터 물이 없어질 때까지 뚜껑을 덮고 5
분 간격으로 계속 저어 주어야한다.

5 콩이 다 삶아지면 삶은 콩을 체에 밭쳐 내고 콩물을 내린다. 내린 콩물
이 반 컵 이내가 되면 콩이 잘 삶아진 것이다.

청국장 띄우기

1 삼베보자기를 물에 적셔 꼭 짠 다음, 탁탁 털어 작은 소쿠리(대나무소쿠
리나 플라스틱 소쿠리 모두 좋다)에 펼쳐 깔아놓는다.

2 삶은 콩은 체에 밭쳐 10분간 한 김을 뺀다. 소쿠리에 짚을 깔고 그 위에
삶은 콩을 얹은 다음, 짚을 돌돌 말아 콩 속에 세 군데 끼어 넣고, 보자
기로 틈이 생기지 않게 콩을 감싼다. 한번 사용한 짚은 새 짚에 비하여
발효균이 적다.

3 콩을 담은 소쿠리를 가벼운 면이불로 감싸준 다음, 전기장판 위에 소쿠
리를 올려놓고, 그 위에 두 개의 이불을 접어 네 겹으로 덮어씌운다. 발
효균도 숨을 쉬어야하므로 이불을 꼭꼭 김싸 주지 밀고 덮어만 주는 것
이 좋고, 덮어주는 이불도 양모이불보다 공기가 통하는 솜이불이 좋다.
이불을 그 이상 덮어씌우면 온도가 올라가고 공기순환에 방해가 된다.

4 청국장을 띄우는 데는 평균적으로 52~55시간이 걸린다. 청국장을 잘
띄우려면 전기장판의 온도를 겨울철 한옥구들장 온도와 비슷하게 맞추
어야한다. 적정내부온도(38도)보다 낮으면 삶은 콩이 시어지고, 온도가
높으면 콩이 발효가 되다가 중간에 말라버린다. 토종콩으로 정성껏 띄

였음에도 청국장을 실패하면 그 원인은 온도조절이 잘못된 경우가 제일 많고, 그 다음이 콩이 잘못 삶아진 경우다.

5 흰 실 같은 점액질이 많이 나오면 청국장이 잘 띄워진 것이다.

6 다 띄운 청국장을 사기절구나 유리그릇에 담은 뒤, 소금(1큰술), 고춧가루(1큰술), 다진 마늘(1.5큰술)을 집어넣고 절구방망이로 50%정도만 빻는다. 너무 곱게 빻으면 청국장을 끓였을 때 텁텁한 맛이 난다.

7 1회 분량씩 나누어 비닐봉지에 담아 공기가 통하지 않도록 꼭 동여맨다.

8 이렇게 만든 청국장은 냉장 보관한다. 소금으로 간을 하면 2주간은 냉장보관이 가능하다. 그 이상 두려면 처음부터 냉동보관을 시켜야한다.

9 위와 같은 재래식방법으로 청국장을 띄우기가 힘들면 청국장발효기에 넣고 24시간 띄우는 간편한 방법이 있다. 그러나 재래식방법으로 띄운 청국장의 맛에 비할 바가 못 된다.

꽃게찌개

 조리법

1 양념그릇에 맛간장(1컵)과 물(1컵)을 섞고 된 장을 푼다. 거기에 다진 마늘, 고춧가루를 넣어 양념장을 만든다.

2 무는 1cm 두께로 썰어 냄비에 넣고 양념장 (반 컵)을 입힌 후 무를 5분간 먼저 익힌다.

3 남은 양념장에 물을 3컵 부어 찌개 간으로 짭짤하게 맞춘 후 풋고추, 대파 양파를 크 게 썰어 넣는다.

4 수게는 등딱지를 떼어 그 안에 들어 있는 속 은 발라내어 냄비에 집어넣고, 암게는 등딱지를 떼어내 그대로 냄비에 넣는다. 몸통은 손질하여 크기에 따라 2~4등분하여 무 위에 모두 얹는 다.

5 양념장을 게 위에 쏟아 붓고, 무가 익을 때까지 10분간 끓이다가 단호 박을 1cm두께로 썰어 얹고 5분간 더 끓인다. 단호박 대신 애호박을 넣 을 경우에는 양파와 함께 애호박을 넣는다.

재료	
게	1kg
무	250g
단호박	150g
양파	200g
대파	1뿌리
양념	
된장	1.5큰술
맛간장	1컵
풋고추	2개
다진 마늘	1큰술
고춧가루	1.5큰술

6 마지막에 간을 보고 맛간장으로 간을 다시 맞춘다.

1 단호박은 마지막에 넣고 잠깐 동안 끓여주지만 양파와 대파는 처음부터 넣고 푹 끓여 단물을 우려내야 한다. 대파를 오랫동안 끓일 때는 다져 넣지 말고 크게 썰어 넣는다.

2 꽃게찌개는 맛간장 위주로 간을 하고 된장은 적게 넣어야 감칠맛이 난다.

3 꽃게 찌개에는 고추장을 넣지 말고 대신 고춧가루를 넉넉하게 넣고 끓여야한다. 고춧가루의 매운맛이 호박의 단맛과 어우러져 칼칼한 맛이 난다.

4 꽃게찌개에는 단호박이든 애호박이든 호박을 꼭 넣고 끓여야 찌개국물에 단맛이 생긴다.

5 꽃게찌게에는 청양고추보다 풋고추가 낫다.

6 꽃게찌개는 본래 감칠맛이 상당하지만 조개나 새우까지 넣으면 감칠맛이 특별하다. 특히 꽃게찌개에 민물새우를 양념장에 넣고 처음부터 끓여주면 깊은 맛까지 있다.

7 꽃게찌개는 10월부터 나는 수게가 살이 차있어 찌개 감으로 좋고 냉동 꽃게도 상태가 좋으면 찌개 감으로 손색이 없다.

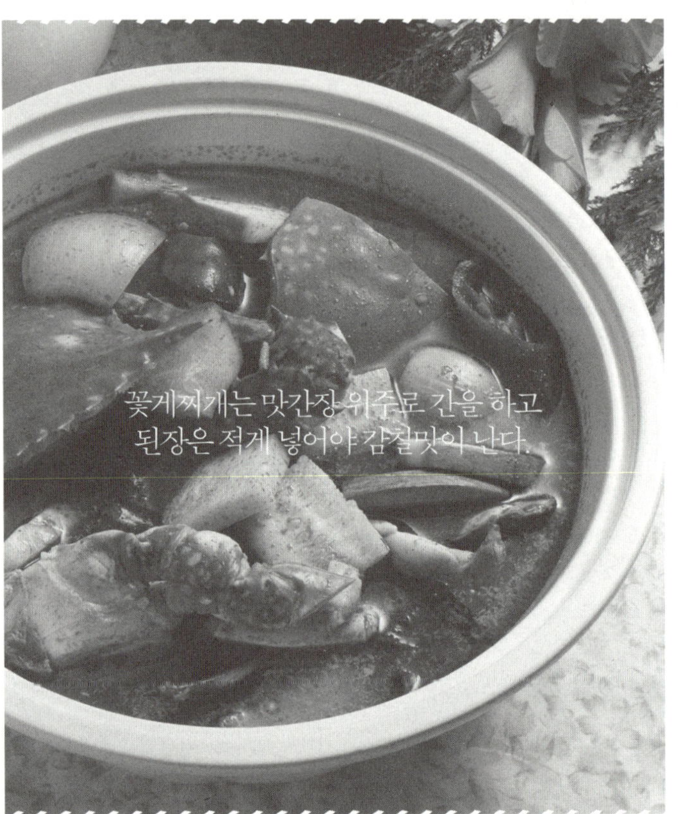
꽃게찌개는 맛간장 위주로 간을 하고
된장은 적게 넣어야 감칠맛이 난다.

꽃게카레찌개

1 된장 대신 카레 100g(꽃게 1kg 기준)를 물 2컵에 곱게 풀어 개고, 단호박(1/2개)을 1.5cm 두께로 썰어 놓는다.

2 피망(1개), 파프리카(2개), 양파(1개), 양송이 또는 표고버섯(4~5개)을 썰어 식용유를 두르고 센 불로 1분간 볶는다.

3 야채를 볶은 냄비에 물 2컵을 붓고 10분간 익힌 다음, 손질한 꽃게와 대파, 양파, 단호박을 썰어 얹고 그 위에 카레를 부어 8분간 끓인다.

 **시아버지의 잔소리**

1 꽃게와 카레를 넣은 뒤에는 오래 끓이지 않는 것이 좋다.

2 카레는 적게 넣어야한다. 카레를 넣고 그대로 두면 카레가 가라앉아 바닥에 누러 붙는다. 카레가 끓어오르면 바닥에 가라앉은 카레를 위로 퍼 올려 카레가 타지 않도록 해야 한다.

3 찌개의 간이 짜거나 싱거우면 소금과 물로 간을 조절한다.

꽃게찜

1 꽃게를 손질하여 찜통기에 게등이 밑으로 향하게 놓고 15분간 뜨거운 김에 찐다. 아무런 간을 하지 않아도 된다.

2 꽃게찜에는 11월부터 나는 수게가 좋다.

닭볶음탕

1 물 4컵에 맛간장 1컵, 다진 마늘, 양파, 풋
  고추, 고춧가루, 다진 생강을 넣고 양념장을
  만든다.

2 냄비에 물 1.5 *l* 을 붓고 토막을 낸 생닭을
  넣고 끓인다. 물이 끓고 나서 3분이 지나
  면, 불을 끄고 끓인 물은 모두 따라버리고
  거기에 굵게 썰어놓은 감자, 당근, 양념장을
  함께 넣고 30분간 끓인다.

3 고추장, 천연조미료, 다진 파를 넣고 10분
  간 더 끓인다.

4 소금으로 간을 조절한 다음, 참기름과 후춧
  가루를 넣고 마무리한다.

재료	
생닭	1마리
감자	300g
당근	150g
대파	1뿌리
양파	250
양념	
맛간장	1컵
다진 마늘	1큰술
풋고추	3개
고추장	1큰술
고춧가루	1큰술
다진 생강	1작은술
참기름	1작은술
후춧가루	
소금	
천연조미료	

1 생닭을 데칠 때는 찬물에 처음부터 생닭을 넣고 끓인다. 생닭을 살짝 데쳐내야 닭 껍질에 있는 기름기가 빠지고, 닭이 조금 익어야 닭고기에 양념이 잘 배고 탕이 기름지지 않는다.

2 고추장보다는 고춧가루를 넉넉하게 넣고 끓여야 칼칼한 맛이 난다. 고추장은 양념장에 풀지 않고 마지막에 넣어 10분 정도 끓여야 한다.

3 닭백숙이나 닭볶음은 닭이 맛을 좌우한다. 토종닭이라도 햇닭인지 묵은 닭인지에 따라 끓이는 시간이 달라지고 맛에서도 차이가 크다.

삼계탕

1 내장과 기름을 빼내고 깨끗하게 씻는다.

2 찹쌀과 멥쌀을 2:1의 비율로 섞어 30분 동안 물에 불려 체에 받쳐 물기를 빼 놓는다. 수삼, 황기, 대추, 밤도 깨끗하게 씻어 놓는다.

3 영계의 뱃속에 쌀, 수삼, 대추, 밤, 은행을 넣고 내용물이 나오지 않도록 실로 꿰 멘다.

4 영계와 황기를 큰 냄비나 들통에 넣고 물 1*l* 를 부어 끓인다. 3분 동안 센 불로 끓이다가 불을 줄여 40분 더 끓인다.

5 고기가 익었는지 확인하고 소금으로 간을 한다.

6 국그릇에 영계를 담고 파를 얹는다.

재료	
영계	2마리
찹쌀	1컵
멥쌀	반 컵
수삼	2뿌리
황기	
마늘	8쪽
대추	6개
밤	4개
은행	8알
황기	

1 찹쌀에 멥쌀을 섞어야 하고 쌀을 불리는 시간은 30분 정도로 한다. 그 이상 불리면 밥알이 물러진다.

2 실로 배를 꿰 멜 때는 두 군데만 잡아맨다. 공기가 통하지 않으면 안에 들어 있는 쌀이 잘 익지 않는다.

3 삼계탕에는 해삼, 전복, 낙지와 같은 해산물을 넣어 함께 끓이면 국물의 감칠맛이 상당하다. 전복은 껍질 채로 넣는다.

4 삼계탕의 맛은 닭에 달려있다. 냉동닭은 외관상 윤기와 탄력이 떨어지고 고기와 국물의 맛은 생닭이나 냉장닭에 못 미친다. 냉동닭은 골수의 헤모글로빈이 파괴되어 밖으로 나와있어서, 삶았을 때 닭뼈가 오골계의 뼈처럼 짙은 갈색을 띤다.

이 책은 모든 가정에서 평소에 늘 해먹는 한식에 대한 조리법을 우리 집 며느리들에게 일러준 이야기를 엮은 책이다. 여기에 실린 기록들이 여러분 가족의 건강증진은 물론, 국민의 식생활 개선과 우리나라 음식문화의 발전에 조금이나마 도움이 되기를 바란다. 더 나아가 한국음식을 세계에 알리는데 이 책이 유용하게 쓰여졌으면 한다.

조림
볶음
구이

쇠고기장조림

1 큰 냄비에 물 5컵을 붓고 다싯물을 낸다. 다시마는 물이 끓기 바로 직전에 집어넣고 불을 줄인 상태에 10분정도 끓인다. 다시마를 건져내고 쇠고기(찬물에 30분간 핏물을 미리 빼둔다)와 꽈리고추를 제외한 위의 재료를 모두 넣고 끓인다.

2 물이 팔팔 끓어오르면 쇠고기를 넣고 3분후 불을 줄인다. 10분간은 뚜껑을 덮지 않은 상태로 두고, 위에 뜨는 거품을 수시로 걷어낸다. 사태는 50분간, 홍두깨살은 40분간 삶는다.

재료	
쇠고기(홍두깨살, 사태)	
················2근	
진간장	
통마늘··········	15쪽
대파···········	3뿌리
표고버섯········	40g
양파···········	500g
다시마	
꽈리고추········	20개
진간장···········	1컵

3 쇠고기와 표고버섯을 꺼내어 식히고 육수는 채반에 받쳐 따라내어 냄비에 다시 붓는다.

4 쇠고기가 식으면 손으로 고기 결대로 장조림 크기로 찢어주고 표고버섯은 칼을 이용해 같은 크기로 썬다.

5 냄비에 부은 육수(3.7컵)에 진간장(1컵)을 섞어 간을 맞춘다. 거기에 잘게 찢은 쇠고기와 표고버섯을 넣고 다시 끓인다.

6 육수가 끓으면 불을 줄이고 쇠고기에 간이 배도록 8분간 끓여준다. 마지막으로 꽈리고추를 넣고 2분간 뜸을 들인다. 알마늘을 넣고 싶을 때는 꽈리고추보다 3분 앞서 넣는다.

시아버지의 잔소리

1 장조림용으로 많이 쓰이는 사태부위는 잘 찢어지지만 다른 부위에 비하여 질긴 것이 흠이다. 홍두깨살은 연하고 기름이 적고 잘 찢어져 어린아이에게 좋다. 홍두깨살을 삶을 때는 사태보다 10분정도 덜 삶아야 한다.

2 물 5컵에 쇠고기 2근과 야채를 넣으면 물이 적은 듯 보이나 적은 것이 아니다. 육수가 많으면 장조림 맛이 떨어진다.

3 쇠고기를 삶을 때 처음 10분간은 뚜껑을 열어놓고 끓여야 쇠고기의 누린내가 빠진다.

4 쇠고기를 삶을 때 불을 세게 하면 고기가 삶아져 장조림이 물러지므로

중불에서 삶아야한다.

5 표고버섯은 말린 것이 좋으며 생표고버섯으로 장조림을 할 때는 다른 야채와 같이 건져 내야한다.

6 진간장을 처음부터 넣으면 쇠고기 속살까지 간이 배어 장조림이 짜지고 맛이 떨어진다. 육수을 다 끓이고 나서 진간장을 넣고 18분간 끓이면 쇠고기에 간이 알맞게 밴다.

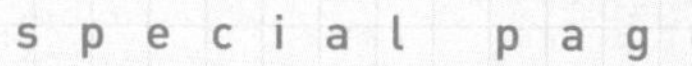

메추리알조림

1 메추리알이나 달걀을 장조림육수에 조리려면 처음부터 장조림 물을 1컵 늘려 잡는다.

2 메추리알(1판)을 삶아 찬물에 헹구어 껍질을 벗긴다. 메추리알은 진간장을 넣을 때 넣고 졸인다.

3 쇠고기와 함께 조리지 말고, 장조림육수 2컵을 따라내어 마늘종이나 물오징어와 함께 조리는 방법이 있다.

㉠ 후라이팬에 식용유를 두르고 마늘종(5∼6cm 길이로 미리 썰어 둔다)을 먼저 볶는다. 만약 마늘종 대신 물오징어를 넣을 때는 물오징어를 적당한 크기로 썰어 후라이팬에 먼저 볶는다.

㉡ 장조림육수 2컵과 메추리알을 후라이팬에 넣고 중불에서 8분간 조린다.

갈치조림

1 갈치를 조리기 전에 소금을 살짝 뿌려 30분
  간 절인 후 찬물에 소금기를 씻어 낸다.

2 맛간장에 된장을 풀고 물 1컵으로 간을 짭
  짤하게 맞춘 다음, 고춧가루와 다진 마늘을
  넣어 양념장을 만든다.

3 무를 2cm 두께로 썰어 냄비에 담고 양념장
  을 1컵 넣고 비벼 무에 간이 배게 한 다음,
  물(2큰술)을 넣고 먼저 익힌다.

4 무가 반쯤 익을 즈음, 갈치를 올리고 남은
  양념장에 다진 생강, 풋고추를 썰어 넣고 이를 갈치 위에 고루 뿌린다.
  뚜껑을 덮지 않은 상태로 센 불에 끓인다.

5 한 김이 나면 양파와 대파를 썰어 넣고 뚜껑을 덮은 다음, 불을 줄여
  갈치에 양념이 배도록 10분간 조린다. 조리 중간에 양념간이 갈치에 잘
  배도록 양념장을 두세 차례 위로 퍼 올려준다.

재료	
갈치	500g
무	250g
양파	200g
대파	1뿌리
양념	
맛간장	2/3컵
풋고추	2개
다진 마늘	1큰술
고춧가루	1.5큰술
다진 생강	1/2작은술
된장	1큰술

1 갈치를 절이지 않고 그대로 조리면 양념이 갈치속살까지 배지 않아 싱겁고 생선살이 풀어지며 비린내가 빠지지 않는다. 고등어는 1시간, 병어나 갈치는 30분간 절인다.

2 생선조림은 센 불에 끓여 한 김을 빼내야 비린 맛이 덜하다.

3 생선조림에 양파를 썰어 넣고 양념장에 된장을 풀면 생선의 비린 맛이 줄어들고 단맛이 난다. 양파는 채로 썰지 말고 큼지막하게 썰어 넣는다.

4 갈치나 고등어, 병어는 무와 함께 조리는 것이 낫고, 꽁치는 감자에 조리는 것이 낫다.

5 무 대신 말린 가지를 물에 10분간 불려 갈치나 고등어와 함께 조리면 생선이 더 맛있고, 생선양념이 가지에 흠뻑 배여 일품 가지요리가 된다.

6 무와 생선을 처음부터 함께 넣어 무가 익을 때까지 생선을 오랫동안 조리면, 생선의 단맛이 빠져 퍼석한 맛이 난다.

7 생선조림에는 양념장을 적게 잡아야 생선에 간이 잘 배어 맛있게 조려진다. 물을 많이 잡으면 조림이 생선찌개가 되어 생선과 국물 모두 맛이 없다.

8 갈치조림에는 고춧가루를 넉넉하게 넣어 칼칼한 맛이 나게 하는 것이 좋다.

김치고등어조림

1 후라이팬에 식용유를 두르고 김치를 올려 2분간 볶은 다음, 물3컵을 붓고 센 불에 끓인다. 물이 끓어오르면 불을 줄이고 김치를 20분간 익힌다. 김치는 자르지 말고 그대로 넣고, 소금에 절인 고등어는 물에 담가 간기를 뺀다.

2 맛간장에 물(1/4컵), 된장, 고춧가루, 다진 마늘을 넣고 짭짤하게 양념장을 만든다.

3 고등어를 비스듬이 썰어 토막을 낸다.

4 고등어를 김치 위에 올리고 그 위에 양념장을 쏟아 붓는다. 뚜껑을 덮지 않은 상태로 센 불에 끓인다.

5 찌개가 끓어오르면 양파, 대파, 풋고추를 썰어 넣고 뚜껑을 덮은 다음, 중간 불로 줄여 20분간 고등어를 조린다.

재료

생고등어	1마리
김치	400g
양파	150g
대파	1뿌리

양념

맛간장	2/3컵
풋고추	2개
다진 마늘	1큰술
고춧가루	1.5큰술
된장	1큰술

1 김치에 고등어를 조릴 때는 고등어를 소금에 절이지 않고 생물 그대로 조리는 것이 낫다. 김치에 소금기가 있어 고등어를 절이지 않아도 김치 간이 고등어에 깊이 밴다. 이때 조리는 시간은 절인 고등어를 조릴 때보다 5분 정도 길게 잡는다.

2 처음부터 김치와 함께 고등어를 넣고 오래 조리면 고등어의 단맛이 빠져 고등어가 맛이 없다.

3 김치는 썰지 말고 그대로 넣어야 고등어간이 김치에 잘 밴다.

4 고등어를 토막 낼 때는 90도로 자르지 말고 비스듬이 잘라 간이 생선에 잘 스며들게 한다.

5 김치가 고등어의 비린 맛을 잡아주기 때문에 고등어를 김치에 조릴 때는 다진 생강을 따로 넣지 않고 된장을 풀어 넣는다.

6 김치고등어조림이 식으면 비린내가 심하므로 다시 먹을 때는 뜨겁게 데워야한다.

김치는 썰지 말고
그대로 넣어야 고등어간이
김치에 잘 밴다.

깻잎 고등어조림

1 깻잎을 고등어에 얹어 조리면, 깻잎과 고등어가 어우러져 고등어의 비린 맛이 없어지고 깻잎은 고등어간이 배어 감칠맛이 난다. 무나 감자 대신 양파(300g)를 굵게 썰어 넣고(4등분), 고등어는 소금에 30분정도 약하게 절인다.

2 맛간장(3/4컵)에 된장(1큰술)을 풀고 물은 1/4컵만 섞어 짭짤하게 양념장을 만든다. 양념장에는 고춧가루(2큰술), 다진 마늘(1큰술), 올리고당(1큰술), 다진 풋고추(3개)를 넣는다.

3 양파를 굵게 썰어 절반을 냄비에 깔아놓는다. 그 위에 양념장1/3을 얹고 고등어를 올린 다음, 고등어 위에 양념장 1/3을 얹는다. 고등어 위에 남은 양파를 올리고 그 위에 남은 양념장을 따라 붓는다. 맨 위에 깻잎(40장)을 수북하게 얹는다.

4 양파와 깻잎에서 물이 생기므로 물은 반 컵만 넣는다. 물이 양념장에 닿지 않도록 냄비 안쪽에 수저로 물을 떠, 돌려가며 넣는다.

5 뚜껑을 열어놓은 상태에서 센 불로 한소끔10) 끓여 김을 뺀다. 불을 줄인 후 뚜껑을 덮고 깻잎과 양파가 완전히 익을 때까지 25분간 조린다.

우엉조림

재료

우엉·············500g
마늘·············10알

양념

맛간장·········2/3컵
고춧가루·······1큰술
식용유·······1작은술
올리고당········2큰술
참기름········1작은술

1 우엉을 찬물에 깨끗이 씻은 후 칼등으로 얇은 껍질만 긁어 낸 다음, 물에 깨끗하게 씻는다. 4cm 길이로 토막을 내어 나무젓가락 굵기의 절반크기 보다 얇게 채를 썬다.

2 알마늘은 씻어 반으로 자른다.

3 맛간장에 물(1큰술)을 섞어 간을 맞춘 다음, 고춧가루를 섞어 조림장을 만든다.

4 후라이팬에 식용유를 넉넉하게 두르고 기름이 타지 않도록 불을 조금 줄이고 우엉을 3분간 볶는다.

5 위 ③에서 만든 조림장을 2큰술을 넣고 우엉을 조린다. 조림장이 다 졸아지기 전에 조림장을 조금씩 더 넣고(4회 반복) 우엉에 간이 배도록 저어가며 조린다. 마늘은 중간에 넣는다.

6 우엉이 다 조려지면 올리고당과 참기름을 순서대로 넣고 뒤적여준다.

7 조린 우엉은 바로 그릇에 옮겨 담는다.

8 **우엉채조림으로 만들려면,** 우엉을 채칼로 가늘게 썰어 식용유에 살짝

볶아 약한 불에 맛간장으로 10분간 조린다. 우엉채조림에 넣는 조림장
에는 다진마늘을 넣고 고춧가루는 넣지 않는다. **다 조리고 나서 올리고
당을 넣는다.**

1 우엉은 국내산인지의 여부를 꼭 확인하고 사야한다. 흙이 묻어 있다하
여 국내산이 아니다. 외관상으로 구분하기 어렵다.

2 연근과 달리 우엉껍질에는 영양분이 많이 있어 껍질을 칼로 벗겨내지
말고, 칼등으로 얇은 껍질만 벗겨 내야한다.

3 우엉을 볶기 전에 끓는 물에 데치지도 말고 식초를 탄 물에 담그지도
말아야한다. 단물이 빠진다.

4 우엉은 속까지 익혀야하므로 가늘게 써는 것이 좋고 조림장에 조릴 때
도 불을 줄이고 10분 이상 조려야한다.

5 조림장에 고춧가루를 넣고 우엉을 조리면 칼칼한 맛이 있다. 마치 고추
장에 조려 낸 것같이 보인다.

6 마늘 대신 중간 크기의 멸치를 손질하여 함께 볶아도 좋다.

7 연근조림이든 우엉조림이든 조림장을 한 번에 다 넣고 조리면 연근이
나 우엉이 끓는 조림장에 삶아져 물러지고 단물이 빠진다. 조림장을 몇
차례 나누어 넣으면서 조리는 것이 중요하다.

8 우엉채조림은 우엉조림에 비하여 간이 잘 배고 조리시간이 짧다. 김밥
에 넣는 우엉은 우엉채조림이 좋다.

연근조림

1 연근을 물에 씻어 흙을 제거한 후 감자칼(필러)로 연근의 껍질을 벗겨낸 다음, 0.5cm 두께로 썰어 물에 씻어 둔다. 표고버섯은 물에 씻어 연근과 같은 두께로 썰어놓는다.

2 맛간장에 물(1큰술)을 섞어 간을 맞추어 조림장을 만든다.

3 후라이팬이 달구어지면 식용유를 두르고 연근을 2분간 볶는다. 식용유가 타지 않도록 불을 줄이고 볶는다.

4 연근이 식용유에 고루 입혀지면 위 ②에서 만든 조림장을 3큰술 넣고 볶다가 불을 세게 올려 다시 볶는다. 조림장이 졸아들면 2큰술을 넣고 다시 볶는다. 한 번 더 반복한 후 표고버섯을 넣는다. 남은 조림장을 조금씩 넣어가며 연근에 간이 배게 2분 더 볶는다.

5 불을 낮추고 올리고당과 참기름을 순서대로 넣고 섞는다.

재료	
연근	500g
포고버섯	80g
양념	
맛간장	2/3컵
식용유	
올리고당	1큰술
참기름	

1 연근은 10월에서 이듬해 6월까지 수확을 하지만 겨울이 제철이다. 연근은 길이가 짧고 넓적하게 생긴 암놈이 무틴성분(끈적이는 진액)이 풍부해 맛이 있다. 수놈은 암놈에 비하여 길이가 길고 가는 편이며 암놈에 비하여 가벼운 편이다.

연근조림은 다른 조림에 비하여 불 조절이
어려워 조리기가 까다롭다.

2 연근의 껍질은 완전히 벗겨 내야한다. 연근을 물에 씻어 껍질이 깨끗해졌다 하여 껍질을 벗기지 않고 그대로 볶으면, 연근의 색깔이 회색으로 변한다.

3 연근은 10월에서 이듬해 6월까지 수확을 하지만 겨울이 제철이다. 특히 5월말부터 6월에 수확한 연근으로는 조림이 되지 않는다. 조림을 하면 심한 갈변현상이 일어나고 맛이 없다.

4 연근조림은 다른 조림에 비하여 불 조절이 어려워 조리기가 까다롭다. 식용유를 태우지 않고 연근을 볶으려면 불을 조금 줄인 뒤에 연근을 볶아야하고, 조림장을 넣고 나서 1분 뒤에 불을 다시 올려 센 불에 조려야한다. 연근을 볶는데 사용하는 식용유는 발연점이 높은 카놀라유가 좋다.

5 조림장은 마지막에 여유 있게 넣고 국물이 남도록 조려야 한다. 조림장을 처음부터 많이 넣고 약한 불에 오랫동안 조리면 연근이 삶아진다. 그릇에 담을 때 남은 조림장을 위로 퍼 올려준다.

6 연근조림은 적은 분량(500g 정도)을 볶아야 잘 조려진다. 한 번에 많은 양을 조리면 잘 조려지지 않는다. 우엉과 다르다.

7 표고버섯과 연근은 궁합이 잘 맞는다. 표고버섯에서 나온 단물이 연근에 배어 연근이 한결 맛이 있어진다. 표고버섯 대신 알마늘을 2등분하여 연근과 함께 조려도 좋다.

두부조림

1 맛간장에 물(1/4컵)을 섞어 간을 맞춘다. 맛간장에 다진 마늘과 고춧가루를 섞어 양념장을 만든다. 대파는 양념장에 집어넣지 말고 어슷하게 썰어만 놓는다.

2 두부는 1.2cm 두께로 썰어 2등분한다. 후라이팬이 뜨거워지기 시작하면 들기름을 넉넉하게 두른 뒤, 두부를 얹고 지진다. 2분 정도 지나 두부를 수저로 하나하나 뒤집고 불을 줄인다.

3 두부가 다 지져지면 두부를 냄비에 쏟아 붓고 그 위에 썰어놓은 파를 얹고 그 위에 양념장을 뿌린 다음, 센 불에 조린다.

재료	
두부	1모
대파	1뿌리
양념	
맛간장	3/4컵
다진 마늘	1작은술
고춧가루	1큰술
들기름	2큰술
참기름	10g

4 양념장이 끓어오르면 1분 뒤에 불을 줄이고 두부에 간이 배도록 10분 간 더 조린다. 중간 중간 양념장을 위로 퍼 올려 준다.

5 두부가 부풀어 오르면 불을 끄고 참기름을 두 방울 떨군다.

1 물 대신 다싯물(다시마, 멸치, 무)로 조리면 맛이 한결 낫다. 다싯물은 맛간장과 같이 만들어 놓았다가 필요할 때마다 쓰면 편리하다.

2 두부가 두툼하면 속에 간이 잘 배지 않는다. 두부를 너무 두껍게 썰지 않는다.

3 두부는 키친타월로 물기를 제거하고 들기름에 부친다. 두부에 소금을 뿌리면 두부가 부스러지지 않아 부치기가 수월하지만 두부가 단단해져 부드러운 맛이 없어진다. 소금에 절이지 않더라도 조리는 시간을 4분 정도 늘려주면 두부에 간이 속까지 배어 부드럽고 맛있는 두부조림이 된다.

4 두부는 들기름에 지져내자 마자 냄비에 쏟아 붓고 센 불에 조려야 간이 잘 밴다. 처음부터 약한 불에 두부를 조리면 두부에 간이 잘 배지 않는다.

5 두부는 들기름에 굽는 것이 아니라 들기름을 넉넉하게 두르고 들기름 거품이 끓어오르도록 보글보글 지져야한다. 두부조림의 맛을 내려면 다진 마늘은 적게, 고춧가루와 대파는 많이, 간은 짭짤하게 하여 두부

가 부풀어 오를 때까지 서서히 조려야한다.

6 두부조림은 한 끼 분량만 조린다. 먹고 남은 두부조림을 다시 데우면 두부가 짜지고 굳어져 고소하고 부드러운 맛이 없어진다.

7 들기름에 지져낸 두부를 양념장에 조리지 않고 접시에 담아 두부 위에 양념장을 얹으면, 두부조림이 아니라 두부부침이 된다. 두부부침을 하려면, 두부를 큼지막하게 썰어 굽고 맛간장에 참기름, 다진 파, 고춧가루를 넣어 양념장을 만들어야한다. 여기에 식초는 넣지 않는다.

감자조림

1 감자는 1.3cm 두께로 도톰하게 썰고 양파는 감자보다 더 크게 썰어 놓는다. 버섯은 0.8cm 두께로 썰어 놓는다.

2 맛간장에 물1/4컵을 섞은 다음, 다진 마늘을 넣고 조림장을 만든다.

3 후라이팬에 식용유를 두르고 버섯, 양파를 센 불에 2분간 볶아 그릇에 옮겨 담는다. 후라이팬에 다시 식용유를 두르고 감자를 센불에 3분간 볶는다.

4 감자가 다 볶아지면 위 ②에서 만든 조림장을 반쯤 넣고 뚜껑을 덮은 상태로 감자를 5분간 조린다. 감자를 조리는 동안에는 불을 약하게 줄이고 중간에 감자를 뒤집는다.

5 감자가 3/4쯤 익으면 볶아 놓은 버섯, 양파를 넣고 양념장을 조금씩 넣어가며 감자와 함께 4분간 조린다. 이때는 뚜껑을 열어놓고 센 불에서 조린다.

6 다 조리고 나면 올리고당을 넣고 마무리한다.

재료	
감자	450g
표고버섯	80g
양파	200g
양념	
맛간장	4/5컵
다진 마늘	1작은술
올리고당	1큰술

1 **감자는 물에 씻어야 전분이 씻겨나가, 볶을 때 감자가 후라이팬에 달라붙지 않는다.** 식용유는 발연점이 높은 카놀라유가 좋고 가열이 되면 불을 줄여 식용유가 타지 않도록 하여야한다.

2 감자 한 가지를 조리는 것보다는 표고버섯과 양파를 함께 조리면 감자가 한결 맛이 있다. 마늘종을 넣어도 좋다.

3 감자가 익으려면 오랫동안 조려야하므로 양파와 표고버섯을 감자와 따로 볶아야하고, 조릴 때도 감자를 먼저 조리다가 감자가 반 이상 익었을 때 양파와 감자를 넣고 조려야한다.

4 감자를 조릴 때는 조림장을 두 번에 나누어 넣고, 중간 불에 오래 조려야 감자에 간이 깊이 밴다. 센 불에 조리면 감자에 양념이 배기 전에 감자가 다 익는다. 특히 뚜껑을 계속 덮으면 감자가 뜨거운 김에 익어 물러진다. 감자를 많이 익히면 감자가 물러져 맛이 없다.

5 조림장이 없어질 때까지 조리면 조림장의 간이 맞더라도 감자가 짜진다. 조릴 때는 조림장이 없어지기 전에 조림장을 중간 중간 넣어 주어야한다.

6 **감자채조림을 만들려면,** 감자와 당근을 채로 썰어 양파와 함께 식용유에 볶아 조림장에 조린다. 감자채조림은 감자조림에 비하여 조리는 시간이 짧다. 이때 양파는 채를 썰지 말고 크게 썰어야한다.

마늘종새우볶음

재료

마늘종······ 15줄기

건새우········· 50g

양념

맛간장·········3/4컵

올리고당········1큰술

참기름········1작은술

통깨········1작은술

1 마늘종의 마디로부터 3cm 위쪽으로는 잘라버리고 나머지를 5cm길이로 썰어 물에 씻어 놓는다.

2 맛간장에 물(1/4컵)을 섞어 간을 맞추고 조림장을 만든다.

3 후라이팬이 달구어지면 식용유를 두르고, 체에 밭쳐 새우가루를 걸러낸다음 새우를 1분간 살짝 볶아 그릇에 옮긴다.

4 식용유를 후라이펜에 다시 두르고 마늘종을 3분간 볶는다. 센 불에서 볶다가 바로 불을 줄여 중간 불로 볶는다.

5 마늘종을 다 볶고 나면, 위 ②에서 만든 조림장을 2/3 넣고 마늘종부터 조린다. 마늘종이 반쯤 익어갈 때 남은 조림장 1/3을 다 넣고, 볶아 놓은 새우를 넣은 다음 3분간 더 조린다. 조리는 동안 계속하여 뒤집어준다.

6 다 조려지면 불을 끄고 올리고당, 참기름, 통깨를 순서대로 넣고 섞는다.

1 마늘종은 5월말부터 나는 노지 마늘종이 연하며 향이 짙다.

2 새우와 마늘종을 따로 볶아야하고, 조릴 때에도 마늘종을 먼저 조리다가 중간에 새우를 넣고 조려야 한다. 새우는 볶는 시간이 짧고 조리는 시간도 짧다. 새우를 아예 볶지 않고 마늘종을 볶다가 중간에 넣으면 새우가 퍼석하고 물러져 맛이 덜하다. 어떤 조림이든 조림을 할 때는 처음에는 센 불에서 볶다가 식용유가 타지 않도록 바로 불을 줄여야한다.

3 마늘종은 연근조림이나 우엉조림과 같이 조림장을 조금 넣고 볶는 것이 아니라, 조림장을 넉넉하게 넣고 중간 불에 마늘종이 말랑할 때까지 오랫동안 조려야 한다. 그렇다고 마늘종이 물러질 정도까지 조리면 식감이 떨어지고 마늘종에 간이 지나치게 밴다.

4 마늘종장아찌를 만들려면, 마늘종을 간장에 조리지 않고 생채로 고추장에 버무리면 마늘종장아찌가 된다. 이틀이면 간이 배고 매운맛이 줄어든다. 마늘종장아찌를 담기 전에 식초를 탄 물에 넣지 말고 생채로 담아야한다. 식초물에 담그면 마늘종이 질겨지기 때문이다.

오징어볶음

1 물오징어를 손질하여 깨끗이 씻은 다음, 오 징어 볶음용 크기로 썰어 놓는다.

2 맛간장에 고추장, 고춧가루, 다진 마늘을 섞어 양념장을 만든다. 청양고추와 대파는 어슷하게 썰어 놓는다.

3 양파, 당근, 양배추를 썰어 식용유를 두른 후라이팬에 넣고 센 불에 3분간 볶다가 준 비한 양념장을 일부 넣고 야채를 반 이상 익 힌 후 그릇에 담아낸다.

4 후라이팬에 식용유를 다시 두르고 오징어를 센 불에 1분간 볶은 후 남은 양념장의 절반을 넣고 1분간 더 볶는다.

5 볶아낸 야채를 집어넣고 남은 양념장과 고추, 대파를 다 넣어 센 불에 오징어와 함께 3분간 볶는다.

6 불을 끈 뒤, 올리고당, 참기름을 치고 뒤적여준다.

재료	
오징어	2마리
양파	200g
당근	150g
양배추	150g
대파	1뿌리
청양고추	3개
양념	
맛간장	3/4컵
고추장	1작은술
다진 마늘	1큰술
올리고당	1큰술
고춧가루	1큰술
참기름	1작은술

1 오징어볶음에는 생물오징어보다 냉동오징어가 낫다. 냉동오징어볶음은 생물오징어볶음에서 느낄 수 없는 쫄깃한 맛이 있고 오징어에서 물이 덜 생긴다.

2 야채와 오징어는 따로 볶아야한다. 처음부터 함께 넣고 야채가 익을 때까지 오징어를 볶으면 오징어가 질겨진다.

3 야채를 많이 넣으면 야채와 오징어를 따로 볶더라도 야채에서 물이 많이 생기므로 야채를 많이 넣지 않는 것이 좋다.

4 야채나 오징어를 볶을 때는 센 불에 볶아야 물이 덜 생기고 간이 잘 밴다. 특히 야채나 오징어를 반 정도 익힌 후에 양념장을 넣고 볶아야 야채나 오징어에 간이 잘 밴다.

5 오징어 볶음에 고춧가루는 넉넉하게 넣고 고추장은 부족한듯이 넣는 것이 좋다.

낙지볶음

1 낙지에 묻어 있는 불순물을 제거하기 위하여 소금과 밀가루를 뿌려 낙지를 깨끗이 씻는다.

2 낙지를 볶기 전에 낙지를 살짝 데친다. 물 1.5컵을 팔팔 끓인 다음, 낙지를 집어넣고 중간에 한번 뒤 짚어주며 2분 간 데친다. 데쳐진 낙지는 5cm 길이로 썰어 놓는다. 낙지를 데친 물은 버리지 말고 양념장으로 사용한다.

3 맛간장 1컵에 낙지 데친 물 1/4컵을 따라 붓고 고춧가루, 다진 마늘, 올리고당을 넣고 섞어 양념장을 만든다.

4 후라이팬에 식용유를 두르고 센 불에 양배추, 풋고추, 양파를 크게 썰어 넣고 2분간 볶다가 준비한 양념장 절반을 넣고 1분간 더 볶는다.

5 야채가 어느 정도 익으면 데친 낙지와 남은 양념장을 다 집어넣고 야채와 함께 2분간 센 불에 볶는다. 간을 보고 싱거우면 소금으로 간을 추가

재료	
낙지	600g
풋고추	홍1, 청1
당근	200g
양배추	200g
대파	1뿌리
양파	250g
양념	
맛간장	1컵
다진 마늘	1큰술
고춧가루	2큰술
참기름	
올리고당	

한다.

6 불을 *끄고* 참기름을 친다.

1 낙지를 볶기 전에 끓는 물에 살짝 데쳐 낸 뒤에 볶아야한다. 낙지를 데친 뒤 볶으면 낙지에서 물이 덜 생겨나고 간이 잘 배기때문이다. 데칠 때 생긴 물은 따라 내지 말고 양념장으로 사용한다. 맹물을 양념장에 쓰는 것보다 데칠 때 생긴 물은 쓰면 맛이 좋기다. 낙지를 데칠 때 순간이지만 진국이 빠져나가기 때문이다.

2 낙지는 오징어보다 덜 볶아야한다. 낙지를 약한 불에 오래 볶으면 낙지에서 물이 생기고 낙지가 질겨진다.

3 올리고당은 양념장에 처음부터 넣는 것이 좋고 고춧가루는 넉넉하게 넣는 편이 낫다.

4 오징어 볶음에는 고추장을 섞어 양념장을 만들었으나 낙지볶음에는 고추장을 아예 넣지 않는 것이 좋다. 고추장을 넣으면 텁텁한 맛이 있다.

5 양념장에는 설탕 대신 올리고당을 넣어 단맛을 낸다. 설탕을 넣으면 지방을 분해한다는 고춧가루의 '캅사이신'의 역할이 줄어들게 되고, 설탕의 과다 섭취에 따른 해가 크기 때문이다. 다른 음식에서 단맛을 내고 싶어도 설탕은 사용하지 않는 것이 좋다.

6 낙지볶음에 당근이나 양배추는 꼭 넣는 것이 좋다.

낙지볶음밥

낙지를 볶으면서 생긴 국물에 밥, 다진 파, 구운 김, 참기름, 깨소금을 넣고 볶는다.

낙지철판구이

철판구이는 당근, 양배추, 양파와 같은 야채를 미리 볶는 것이 아니다. 낙지를 데친 물에 고추장, 다진 마늘, 다진 파를 섞은 양념장을 만든 뒤, 그것을 당근, 양배추, 양파를 섞어 간이 배게 한 후, 끓는 물에 데친 낙지와 양념을 한 야채를 뜨겁게 달군 철판에 올려 살짝 굽는다. 낙지를 데칠 때에는 물은 조금만 넣는다.

낙지볶음과 소면

1 소면을 삶으려면 끓는 물에 소면을 넣고 삶는다. 소면이 익어갈
무렵 찬물 1컵을 부어 다시 끓인 후 찬물에 건져내고, 체에 밭쳐
물기를 빼고 손으로 짠다.

2 낙지볶음에 소면을 올려 비빈다.

문어 삶기

1 물 1ℓ 에 무를 나박하게 썰어 넣고, 식초(반컵)와 소주(반컵)를 넣
고 끓인다. 물이 끓어 오르면 삼발이에 손질한 문어(1.5kg)를 얹은
후 뚜껑을 덮고 센 불로 10분간 찐다. 소주는 비린 맛을 잡아주고
식초는 문어를 부드럽게 한다.

2 문어의 크기에 따라 문어를 찌는 시간을 조절한다. 문어가 2kg정
도 되면 찌는 시간을 12분으로 늘린다.

3 뜨거운 김에 쪄 낸 문어는 찬물에 넣지 말고 식힌 후, 얇게 썬다.

꽈리고추찜

1 맛간장에 고춧가루, 다진 마늘, 실파를 썰어 넣고 양념장을 만든다.

2 물기를 빼지 않은 채로, 꽈리고추를 무침용 그릇에 담고, 밀가루를 고추에 뿌린 후, 손으로 살살 버무려 밀가루를 얇게 입힌다.

3 냄비에 김이 오르면 채반에 면포를 깔고 고추를 올린 뒤 뚜껑을 덮는다. 밀가루가 익을 정도로 고추를 6분 정도 살짝 쪄낸다.

4 쪄낸 고추를 무침그릇에 바로 담고, 고추가 식기 전에 준비한 양념장을 넣고 무친다. 참기름(또는 들기름)과 깨소금을 넣고 한 번 더 무친다.

재료	
꽈리고추	60g
밀가루	2큰술
실파	
양념	
맛간장	1/3컵
고춧가루	1작은술
다진 마늘	1작은술
깨소금	
참기름(들기름)	

1 고추에 밀가루를 많이 입히지 말고 얇게 입혀야한다. 밀가루로 고추를 범벅하면 밀가루에 간이 많이 배어 고추가 짜지고 밀가루 맛이 강하여 고추의 맛이 가려진다.

2 고추찜은 고추를 얼마나 알맞게 쪄내느냐에 맛이 달려있다. 고추가 물러질 정도로 많이 찌면 고추가 짜고 물러져 맛이 없다. 반대로 고추를 설 찌면 고추에 간이 덜 배어 고추가 싱겁고 부드러운 맛이 없다.

3 쪄낸 고추를 식힌 후에 양념장에 무치면 양념이 잘 배지 않는다. 고추를 쪄내자마자 바로 준비한 양념장을 얹어 고추를 무쳐야한다.

4 8월 중순부터는 꽈리고추도 매운맛이 들기 시작한다. 꽈리고추찜은 고추에서 매운맛이 나면 제 맛이 안 난다. 이 시기부터는 꽈리고추와 크기는 비슷하나 주름이 없고 맵지 않은 작은 고추가 있다. 꽈리고추 대신 주름이 없는 고추로 바꿔야한다.

잔멸치볶음

1 후라이팬에 식용유를 두르고 센 불에 꽈리
고추(큰 것은 중간을 잘라 이등분한다)를 30초
동안 살짝 볶아 낸 후, 그릇에 담아낸다. 고
추를 볶을 때 소금으로 약하게 간을 한다.

2 멸치는 체에 밭쳐 잔 멸치가루를 걸러낸다.

3 후라이팬에 식용유를 조금 두르고 약한 불
에 멸치를 5분간 볶는다.

4 볶은 멸치에 꽈리고추를 넣고 약한 불에 2분간 함께 볶는다.

5 올리고당과 참기름을 순서대로 넣고 고루 섞는다.

재료
잔멸치·········· 100g
꽈리고추········ 20개
양념
소금
올리고당
참기름

1 멸치의 간기를 뺀다하여 물에 씻으면 멸치의 영양분이 순간적으로 용
해되어 멸치의 고소한 맛이 살아진다. 멸치볶음은 조리방법보다 멸치
가 중요하다. 짠맛이 덜 나고 고소한 멸치라야 한다.

2 멸치에는 염분기가 남아있어 간을 따로 할 필요가 없다. 멸치의 상태에 따라 간을 하여야할지 판단하여야 한다.

3 고추와 멸치는 따로 볶은 후에 함께 볶아야 맛이 있다. 고추를 볶을 때는 고추의 숨이 죽을 때까지 팬에서 볶지 말고 숨은 밖에서 죽도록 후라이팬에서는 살짝 볶아 내야한다.

4 멸치볶음에는 마늘을 넣지 않는다.

5 잔멸치가 아닌 중간크기의 멸치를 볶을 때는 고춧가루를 넣고 볶다가, 마지막에 불을 줄이고 고추장을 조금만 넣고 볶는다. 고추장을 처음부터 넣거나 많이 넣으면 고추장이 후라이팬에 달라붙는다.

6 칼슘과 인의 함유가 멸치보다 많고 염분함유가 적은 실치(뱅어)가 볶음용으로 좋다. 실치는 멸치보다 짜지 않으면서 부드럽고 고소하여 어린 아이들의 반찬으로 삼기 좋은 식품이다. 실치는 5월부터 햇것이 나오기 시작하는데 흰색에 가까울수록, 길이가 길고 굵을수록 더 맛있다.

7 기름을 둘러 실치를 볶으면 아삭한 맛이 나는 반면, 기름을 두르지 않고 수분만 날려 볶으면 부드러운 맛이 난다. 실치볶음에는 꽈리고추를 넣는 대신 부추를 5~6cm 길이로 썰어 넣으면 실치의 고소한 맛이 더 느껴진다. 멸치볶음과 같이 실치볶음에는 간을 하지 말고 실치를 다 볶고 나서 올리고당과 참기름만 조금 넣는다.

볶은 콩자반

1 무침그릇에 실파나 달래를 잘게 썰어 넣고, 맛간장과 물(1큰술)을 부어 간을 맞춘 다음, 올리고당(1작은술)과 고춧가루를 섞어 양념장을 만든다. 참기름도 양념장에 미리 넣는다.

2 콩을 물에 한번 씻어 체에 밭쳐 물기를 뺀다. 씻은 콩을 냄비에 볶는다. 처음에는 센 불에 3분간 볶다가 불을 약하게 줄여 콩이 익을 때까지 10분간 볶는다. 콩을 볶는 동안 타지 않도록 중간 중간에 콩을 저어준다.

3 볶은 콩은 식기 전에 양념장이 담겨있는 무침그릇에 바로 넣고, 콩에 간이 배도록 훌훌 섞는다.

4 깨소금을 넣고 섞는다.

재료
메주콩·········· 100g
실파(또는 달래)
양념
맛간장········· 1/3컵
참기름(들기름)
올리고당
고춧가루
깨소금

1 볶은 콩은 바로 양념장에 넣어야 콩에 간이 잘 스며든다.

2 콩을 덜 볶으면 비린내가 나고, 많이 볶으면 딱딱해져 콩을 알맞게 볶는 것이 중요하다. 콩을 잘 볶으려면 불 조절을 잘 하여야한다. 처음에는 센 불에 볶다가 불을 줄여 약한 불에 콩이 익을 때까지 볶아야한다.

3 콩은 한 끼 먹을 분량만 볶아야한다. 시간이 지나면 콩이 짜지고 물러진다.

4 콩은 메주콩도 좋고 서리태도 좋다. 볶은 콩자반은 씹는 맛과 고소한 맛이 일품이라 비빔밥에 특별히 넣을 수 있다.

콩자반, 땅콩조림

1 냄비에 콩 2컵을 넣고 물 2컵(땅콩은 1컵 반)을 잡아, 콩이 90% 익을 때까지 30분간 끓인다. 처음에는 중불에서 끓이다가 물이 끓으면 바로 불을 약하게 줄인다.

2 콩이 90% 익을 쯤(물이 끓고 나서 7분간 삶는다)에 불을 중간으로 다시 키우고, 진간장 반 컵을 넣고 8분 정도 조린다. 땅콩을 조릴 때에는 진간장 대신 맛간장을 넣는다.

3 냄비뚜껑은 덮지 않는다. 콩이 잘 익도록 중간 중간에 콩을 뒤집어준다.

4 불을 끄고 올리고당과 통깨를 넣는다.

재료
서리태(땅콩)
양념
진간장(서리태를 졸일 때)
맛간장(땅콩을 졸일 때),
올리고당
통깨

1 간장으로 간을 맞춘 다음, 콩을 처음부터 조리는 것이 아니라 콩을 90% 정도 익힌 후에 간장을 넣고 조려야한다. 간장을 넣은 뒤에는 콩이 잘 익지 않는다.

2 콩을 익힐 때는 뚜껑을 열어 놓아야한다. 뚜껑을 덮거나 한 번에 많은 양의 콩을 삶으면 뜨거운 김에 콩이 불어나 콩이 물러지고 껍질이 벗겨질 수 있다.

3 콩을 익힐 때는 처음부터 물을 잘 잡아야한다. 물을 여유 있게 붓고 끓인 물을 따라 버리면 콩의 단물이 빠져 맛이 없다. 특히 땅콩을 끓여 낸 물이 떫다하여 이를 따라내서는 안 된다. 땅콩에서 우러난 떫은맛은 땅콩이 조려지면서 없어진다.

4 콩을 익힐 때 콩의 껍질이 벗겨지지 않도록 물이 끓으면 바로 불을 줄여야한다.

5 콩을 한 번에 많이 조리면 뜨거운 김이 위로 빠지지 못해 뚜껑을 덮고 조릴 때와 똑같이 콩이 부풀어 올라와 콩이 물러진다.

6 볶은 콩자반은 보관할 것이 아니어서 깨소금을 넣었으나, 콩자반은 통깨를 넣어야한다. 깨소금은 시간이 지나면 쩐 내가 난다.

제육볶음

1 제육볶음용 크기(두께 0.3cm)로 돼지고기를 썬다.

2 돼지고기에 고추장, 고춧가루, 다진 마늘, 다진 생강을 넣고 버무린 다음, 30분 동안 재운다.

3 후라이팬에 식용유를 두르고 양념한 돼지고기와 양파를 썰어 넣고 1분정도 센 불에서 볶다가 불을 줄이고 10분정도 약한 불에 은근하게 볶는다. 고기에 양념이 잘 배도록 중간에 2분간 뚜껑을 한번 덮는다.

4 마지막으로 다진 파, 풋고추를 송송 썰어 넣고 뒤집는다.

재료
돼지고기(목살) ‥400g
대파
양념
고추장·········1큰술
다진 마늘 ······1큰술
고춧가루········2큰술
양파··········250g
다진 생강 ····1작은술
풋고추···········3개

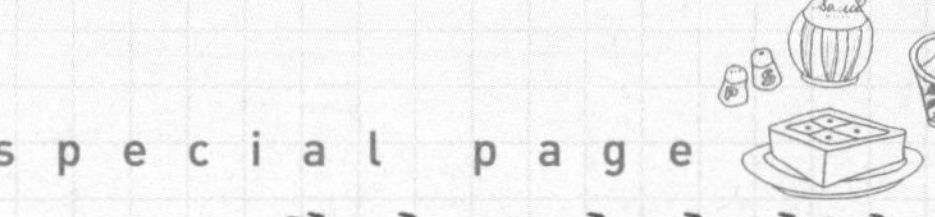

돼지고기김치볶음

1 후라이팬이 뜨거워지면 식용유를 두르고 0.6cm 두께로 썰은 돼지고기를 먼저 넣고 센 불로 1분간 볶는 다음, 2~3cm길이로 잘게 썰어 놓은 김장김치를 넣고 돼지고기와 함께 2분간 볶는다. 불을 약하게 줄이고 중간 중간에 뚜껑을 덮어가며 은근하게 김치와 돼지고기를 익힌다.

2 돼지고기와 김치를 볶을 때 물은 넣지 않아야하며, 마늘과 파도 따로 넣지 않아도 된다. 김치의 식감을 그대로 느끼도록 김치찌개와 같이 김치를 완전히 익히지 말고 70%만 익힌다.

3 김치의 분량에 비하여 돼지고기를 많이 넣으면 텁텁한 맛이 나므로 김치의 분량에 맞추어 돼지고기를 넣어야한다.

양념갈비(소)구이

1 소갈비에 붙은 기름을 떼어 내고 한 시간 정도 찬물에 넣어 핏물을 뺀다.

2 갈비의 앞뒷면에 잔 칼집을 낸다.

3 갈비를 재울 양념장은 진간장 1컵에 물 1컵, 양파즙, 배즙, 후춧가루, 다진 마늘, 참기름, 깨소금, 올리고당을 넣어 섞어 만든다.

4 양념한 쇠갈비를 2시간 동안 재운다.

5 오븐에 쇠갈비를 얹어 굽는다. 한 쪽 면이 완전하게 익었을 때 한번 뒤집는다.

재료	
갈비	1.2kg
대파	1뿌리
양파	300g
배	1개
양념	
진간장	1컵
다진 마늘	1큰술
올리고당	1큰술
참기름	1큰술
후추	1/2작은술
깨소금	1작은술

오븐에 쇠갈비를 얹어 굽는다.
한쪽 면이 완전하게 익었을 때
한번 뒤집는다.

불고기

1 쇠고기를 결의 반대방향으로 가늘게 썰고, 양파와 양송이는 손질
  하여 얇게 썰어 놓는다.

2 맛간장에 올리고당을 섞은 다음, 배를 갈아 넣고, 다진 마늘, 다진
  파, 후춧가루, 참기름을 넣어 양념장을 만든다. 쇠고기의 육질을 연
  하게 만드는 키위는 넣지 않는 것이 좋다. 키위를 넣으면 쇠고기가
  부드러워지지만 재우는 시간이 길어지면 육질이 물러진다.

3 쇠고기에 양념장을 붓고 양념이 쇠고기에 배도록 조물조물 무친
  후, 썰어 놓은 양파와 양송이를 집어넣고 1시간 재운다.

갈비찜

1 갈비(2근)를 손실하여 끓는 물에 넣고 2분간 끓인 후, 찬물에 씻어 건져놓는다.

2 무와 배에서 나는 국물만 쓰기 위해, 무와 배를 갈아 즙을 내어 면포에 꼭 짠 다음, 맛간장(1컵), 매실청 2큰술, 설탕 1큰술을 넣고 섞어 간을 맞춘다.

3 갈비를 냄비에 차곡하게 담으면서, 양념장을 중간 중간 뿌려 갈비를 재운다(8시간).

4 마늘(8알), 은행(10개), 밤(4), 대추(5개), 당근, 대파, 무를 갈비 위에 얹고 불을 올린다.

5 양념장이 끓어오르면 불을 중간으로 줄이고 30분간 익힌다.

6 마지막으로 통깨를 뿌려주고 참기름을 넣고 뒤적인다.

북어구이

1 북어대가리와 꼬리를 가위로 잘라내고 찬물에 넣었다가 바로 빼내어 양손바닥으로 꼭 눌러 물기를 뺀다.

2 물 반 컵에 고추장(1큰술)을 풀고 고춧가루, 다진 마늘, 올리고당을 넣어 양념장을 만든다.

3 맛간장 반컵에 물1/4컵과 참기름을 섞은 초벌구이용 장을 만들어 북어에 바른 다음, 후라이팬에 식용유를 두르고 앞뒷면을 한 번씩 굽는다. 북어구이는 연한 불에 굽는다.

4 초벌구이를 한 북어를 다시 뒤집고, 그 위에 만들어놓은 양념장을 얹고 다진 파를 올린 다음, 2차로 굽는다. 이때 북어는 뒤집지 않는다.

재료	
북어	3마리
대파	1뿌리
양념	
맛간장	반컵
고춧가루	1작은술
고추장	1큰술
다진 마늘	1큰술
올리고당	1큰술
참기름	1큰술

1 다싯물에 북어를 불리는 것보다는 맹물에 불리는 것이 낫다.

2 북어는 물에서 넣자마자 바로 건져내야한다. 그렇게 하여도 수분이 많아 북어를 꼭꼭 눌러 물기를 완전히 빼야한다.

3 초벌구이는 불을 중간으로 줄여 4분간 익힌 다음, 뒤집어 3분간 익힌다. 양념장을 올릴 때는 북어를 원 위치로 뒤집고, 양념장을 올린 다음 그대로 4분간 굽는다. 고추장을 바른 면은 굽지 않는 것이 좋다.

4 고추장을 바르지 않고 맛간장 하나로 북어를 담백하게 굽는 방법도 있다. 맛간장에 고춧가루, 다진 마늘, 참기름, 올리고당, 다진 파를 넣고 만든 양념장으로 재운 북어를 앞뒤로 뒤집으며 한 번씩 굽는다.

5 북어구이나 북어찜의 맛은 전적으로 북어가 좌우한다. 잘 말린 북어는 푸석하지 않고 살이 도톰하면서 육질이 살아있다. 강원도 산골 덕장에서 찬바람에 얼었다 녹았다 반복하면서 겨울햇살에 오랫동안 말린 황태가 육질이 좋다.

6 명태를 반 정도 말린 코다리도 북어와 같은 방법으로 양념을 하여 굽는다. 단, 코다리는 말린 정도에 따라 10~30분간 물에 불려 육질을 부드럽게 해준 상태에서 양념을 한다는 점이 다르다.

실속 없이 현란한 사진으로 뒤덮은 화보집보다는 세월이 지나도 소중하게 늘 펼쳐볼 수 있는 착한요리책을 쓰고 싶었기에, 출판사와 숙고한 끝에 사진을 수록하지 않게 된 것이다. 그리고 이 책에 거창한 요리가 없는 이유는 김치, 된장찌개, 콩나물볶음, 오이지 같이 보통의 가정에서 늘 하는 음식에 우선을 두었기 때문이다.

죽, 전

닭죽

1 찹쌀과 멥쌀을 1:1로 하여 물에 40분간 불려 체에 밭쳐놓는다. 감자, 당근, 양파, 쪽파를 잘게 썰어 놓는다.

2 작은 들통이나 큰 냄비에 물(2.8 l)을 넉넉하게 붓고 나서, 닭, 대추, 황기를 넣고 중불로 40분간 삶는다. 마늘은 중간에 넣는다.

3 닭을 건져내고 위에 뜬 노란기름을 걷어 낸 다음, 다시 끓인다. 건져낸 닭은 백숙으로 뼈를 발라내어 살만 찢어 그릇에 담아 놓는다.

재료

생닭	1마리
멥쌀	1.5
찹쌀	1.5컵
감자	200g
당근	150g
파	1뿌리
양파	200g
알마늘	10개
대추	8개
황기	100g

4 육수가 다시 끓어오르면 **감자와 불린 쌀을 집어넣고 죽을 쑨다**. 당근과 양파는 10분 뒤에 발려낸 닭고기 살과 함께 넣는다. 10분 뒤에 쪽파를 넣고 5분간 더 끓인다. 중간 중간 뚜껑을 덮어주고 밑이 눌어붙지 않도록 주걱으로 저어준다.

5 죽이 퍼지도록 불을 줄이고 3분간 뜸을 들인다.

1 엄나무껍질을 넣고 끓여 걸러 내린 물을 맹물 대신 넣고 닭을 삶으면 닭의 비린 맛이 한결 줄어든다.

2 닭죽은 멥쌀과 찹쌀을 반반씩 섞어 끓이는 것이 좋다.

3 뚜껑을 열고 죽을 저어주며 끓이다가 뚜껑을 중간에 잠깐 덮고 끓인다. 이를 여러 차례 반복한다.

4 닭을 삶을 때부터 물은 충분하게 잡고 죽이 걸쭉하게 될 때까지 계속 저어 가며 끓여야한다.

5 황기와 대추는 닭죽을 쑤는 동안에 그대로 두고 함께 끓인다.

6 **쌀은 처음부터 넣지 말고 육수가 펄펄 끓어오르면 그 때 집어넣어야한다.**

7 수삼이나 은행, 밤을 넣으려면 수삼은 닭을 삶을 때, 은행이나 밤은 쌀을 넣을 때 넣는다.

8 **닭죽에 파를 썰어 넣으면 닭 냄새가 크게 줄고 개운한 맛이 난다.** 파 대신 부추를 잘게 썰어 넣어도 좋고 둘 다 넣어도 된다.

팥죽

재료

붉은팥·············4컵
멥쌀·············1컵
찹쌀·············1컵
멥쌀가루········1/3컵
찹쌀가루········2/3컵

1 찹쌀가루와 멥쌀가루를 2:1의 비율로 섞어 소금으로 간을 약하게 하고 익반죽11)을 한 다음, 지름 1.2cm 크기로 새알심을 만든다. 쌀가루가 준비되어 있지 않으면 찹쌀(2/3컵)과 멥쌀(1/3컵)을 2시간 정도 물에 불려 분쇄기에 곱게 갈아 쓰면 된다.

2 멥쌀과 찹쌀은 반반씩 섞어 40분간 물에 불려 체에 밭쳐 물기를 빼놓는다.

3 팥을 넣고 끓인 첫 물은 체에 밭쳐 따라내고, 팥(4컵)의 2.5배정도로 물을 넉넉하게 잡고, 간을 하지 않은 상태로 1시간 10분간 팥을 푹 삶는다.

4 팥이 삶아지면 식기 전에 3~4번에 나누어 체에 밭쳐 주걱으로 으깨가며 팥물을 내린다. 팥을 으깨어도 잘 내리지 않은 팥 껍질은 마지막에 물(1 ℓ)을 조금씩 부어가며 손으로 팥을 으깨 팥물을 내린다. 내린 팥물은 30분간 팥 앙금을 가라앉힌다.

5 큰 냄비에 팥물(1 ℓ 정도)을 찬찬히 따라 붓고, 거기에 물 2.5 ℓ 를 더 넣어 팥물을 먼저 끓인다. 팥물이 끓어오르면 불린 멥쌀과 찹쌀을 넣고

20분간 끓인다. 중간 중간 주걱으로 젓는다. 쌀이 퍼져갈 때쯤 남은 팥 앙금을 다 넣고 주걱으로 계속 저어가며 3분간 더 끓인다.

6 마지막으로 새알심을 넣고 10분 정도 더 끓인다. 이 때도 팥 앙금과 밥 알이 냄비에 눌어붙지 않도록 계속 저어야 한다. 새알심이 위로 뜨면 불을 끄고 소금으로 간을 맞춘다.

1 처음부터 가라앉은 팥 앙금까지 다 넣고 죽을 끓이면 팥 앙금이 눌어붙을 수가 있으므로, 윗물로만 죽을 끓이다가 쌀이 퍼졌을 때 남겨둔 팥 앙금을 중간에 넣어야 한다.

2 새알심은 찹쌀가루로만 만들면 새알심이 물러 퍼져 식감이 크게 떨어진다.

3 팥이 잘 으깨지도록 팥은 적어도 1시간 10분 이상 중간 불로 푹 삶아야 한다.

4 쌀이 다 퍼져 불려 지면 양이 크게 늘어나므로 팥물을 넉넉하게 잡아야한다. 내린 팥물과 맹물을 합한 물이 쌀(2컵)의 9배(3.6 ℓ)가 되어야한다.

5 팥죽에는 멥쌀과 찹쌀을 반반씩 섞는 것이 좋고 새알심은 멥쌀가루보다 찹쌀가루를 더 넣어야 새알심이 부드럽다.

호박죽

재료	
늙은호박	6kg
단호박	2개
붉은팥	2컵
찹쌀가루	4컵
강낭콩	1.5컵
소금	1/3컵

1 팥이 끓어오르면 2분 뒤 팥물을 따라낸 뒤, 물 3컵을 붓고 중간 불로 40분간 팥을 삶는다. 강낭콩은 물에 불리지 않고 마른정도에 따라 10분에서 25분간 삶는다. 강낭콩은 완전히 익히고 팥도 터지지 않을 정도로 완전하게 익힌다. 팥이나 강낭콩을 삶을 때는 소금을 약간 넣는다.

2 호박을 물에 한번 씻은 후 6cm 폭으로 굵게 썰어 씨앗을 빼낸 다음, 껍질을 벗긴다. 단호박도 늙은 호박과 동일하게 준비한다.

3 늙은 호박은 3등분하고 단호박은 2등분하여 찜통에 넣고, 물 1.5 l 을 부어 센 불로 3분 정도 끓인 후, 불을 줄여 30분간 호박을 삶는다. 호박이 다 삶아지면 호박을 주걱으로 잘게 부셔준 후, 물 3 l 을 더 붓고 호박이 퍼지도록 10분간 끓인다.

4 찹쌀가루에 물 3큰술을 조금씩 나누어 뿌려준 다음, 찹쌀가루에 물기가 고루 섞여지도록 손가락으로 곱게 버무린다. 멍울멍울하게 된 찹쌀가

루를 뭉쳐지지 않게 두 손으로 비벼 가며 찜통에 뿌려 넣는다.

5 주걱으로 저어가며 15분간 끓여준 후 삶은 강낭콩과 팥을 넣고 5분간 더 끓인다. 마지막으로 소금으로 간을 약하게 한다.

1 팥을 삶을 때는 중불로 끓여야하고, 삶는 동안 서너 번 주걱으로 저어 주어 팥이 터지지 않도록 삶아야한다.

2 설탕 대신 단호박을 넣어 단맛을 낸다. 호박은 얇게 써는 것보다 두텁 게 써는 것이 좋다.

3 처음에 물을 적게 붓고 호박을 삶다가, 호박이 다 삶아진 후에 호박을 으깨고 나서 물을 맞게 잡아야, 호박죽의 맛이 생긴다. 처음부터 물을 다 잡으면 호박을 곱게 으깨기가 힘들다.

4 호박죽에는 부드러운 맛이 나도록 멥쌀가루는 넣지 않고 찹쌀가루 하 나만 넣는다. 곱게 빻은 찹쌀가루를 그대로 뿌려 끓이면 찹쌀가루가 곱 게 퍼져 식감이 떨어진다. 찹쌀가루에 물을 섞어 가루를 푸석푸석하게 하여 넣으면 작은 찹쌀멍울이 생긴다.

5 준비한 찹쌀가루를 다 넣을 때 호박죽이 묽게 보인다. 그러나 찹쌀가루 가 다 퍼지면 호박죽의 모양이 잡히고 팥과 콩까지 넣으면 호박죽의 농 도가 알맞다. 호박의 크기에 따라 넣을 물의 양을 알맞게 정해야한다.

6 호박은 골이 깊게 파인 맷돌호박이 좋고, 호박의 당분이 밖으로 배어나

와 하얀 분이 껍질 밖으로 많이 드러난 호박이 좋다. 호박은 미국 시사 주간지인 뉴욕타임지가 2010년에 선정한 10대 건강식품 중 하나로 선정된 바 있다.

전복죽

1 찹쌀과 멥쌀을 40분간 물에 불리고 밤은 잘게 썰어 놓는다.

2 전복을 수저로 떼어낸 다음, 살과 내장을 분리하고 껍질을 깨끗이 씻어 놓는다. 전복을 썰기 전에 전복의 날카로운 이빨을 발라낸 다음, 전복을 얇게 썬다.

3 물 2 *l* 에 전복껍질과 다시마를 넣고 15분간 다싯물을 먼저 끓인다.

4 물에 불린 쌀을 체에 밭쳐 1분간 물기를 뺀 다음, 그릇에 옮겨 담는다.

5 냄비가 뜨거워지면 참기름을 여유 있게 두르고, 가위로 미리 잘게 썰어

재료	
찹쌀	1.5컵
멥쌀	1.5컵
전복	500g
밤	3알
다시마	
당근	150g
양파	150g
실파	2뿌리
참기름	1작은술
소금	

놓은 전복내장을 넣고 1분간 볶은 다음, 불린 쌀을 넣고 센 불에 3분간 볶는다. 밤과 다싯물을 넣고 뚜껑을 덮은 상태로 죽을 끓인다. 농도조절을 위하여 다싯물은 한 컵 정도 남겨둔다.

6 죽이 끓으면 뚜껑을 열고 죽을 저어준 후 뚜껑을 덮는다. 1분 뒤 뚜껑을 다시 열고 저어주고 뚜껑을 덮는다. 6회를 반복 한다. 중간에 당근, 양파, 전복을 시차를 두고 집어넣는다. 죽의 농도가 잡혀지면 뚜껑을 열어 놓고 죽이 타지 않도록 저어주며 끓인다. 마지막에 파를 넣는다.

7 죽의 농도가 되면 남겨둔 다싯물을 중간에 넣어 농도를 맞춘다. 파를 넣고 나서 2분간 더 끓인 뒤 소금으로 간을 한 후, 불을 끄고 2분간 뜸을 드린다.

1 찹쌀과 멥쌀은 1:1의 비율로 한다.

2 전복껍질은 버리지 말고 깨끗하게 씻어 다시마와 함께 끓여 다싯물을 만들어 죽을 쑤면 감칠맛이 있다.

3 불린 쌀을 참기름에 볶기 전에, 전복내장을 참기름에 먼저 살짝 볶은 후 쌀과 함께 볶아야 전복죽이 고소하다.

4 쌀을 오래불리면 죽이 물러진다. 40분이면 충분하다. 불린 쌀은 체에 밭쳐 물기를 조금만 빼 주어야한다. 물기가 적으면 전복내장이 고르게 섞어지지 않고 물기가 없어 내장이 냄비에 눌어붙는다.

5 전복은 잘게 다져 넣으면 씹는 맛이 없어진다. 노인이나 어린아이를 위한 것이 아니면 전복을 저며써는 것이 좋다.

6 전복을 처음부터 넣고 끓이면 전복이 질겨진다. 전복은 4분 간 익히면 충분하다.

7 전복죽에는 감자를 넣지 않는다. 닭죽에서는 감자의 전분이 닭기름과 잘 어우러져 맛을 내지만, 전복죽에 감자를 넣으면 전분 때문에 전복죽이 텁텁해 진다. 그러나 양파와 실파를 넣으면 개운한 맛이 있어 양파와 실파는 전복죽에도 꼭 넣는다. 실파 대신 부추를 넣어도 된다.

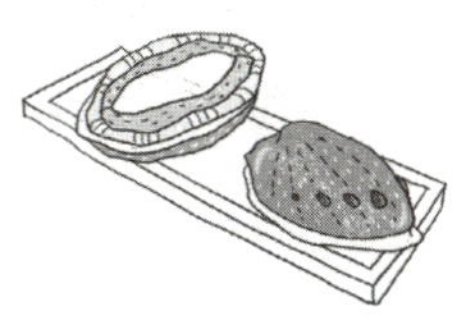

굴전

1 굴에 소금을 뿌려 손으로 조물조물 한 후, 찬물에 헹구어 체에 밭쳐 물기를 뺀다.

2 그릇에 달걀을 풀어 고르게 섞은 뒤, 소금으로 약하게 간을 한다. 달걀을 풀 때 참기름을 두 방울 떨군다.

3 청양고추는 타원형으로 얇게 채를 썰어 달걀 그릇에 넣고 고루 섞는다. ④ 굴을 젓가락으로 하나씩 집어 마른 밀가루에 입힌다. 밀가루가 많이 묻지 않도록 털어낸 다음, 달걀반죽을 씌워 청양고추와 함께 집어 올려 후라이팬에 지진다.

재료	
밀가루	200g
양식굴	400g
달걀	4개
청양고추	4개
소금	
참기름	

1 달걀을 풀 때 밀가루를 함께 섞으면 굴전이 부드럽지 못하다.

2 청양고추를 잘게 썰어 굴과 함께 부치면 굴에서 나는 비린내를 줄일 수 있고 청양고추의 향과 굴의 향이 잘 어우러진다.

3 굴전을 부치는 데는 자연산보다 큼지막한 양식굴이 낫다.

4 밀가루를 입히지 않고 달걀만 씌워 굴전을 부치면 모양이 나지 않고,
전을 부칠 때 굴에서 물이 나오므로 굴을 달걀에 씌우기 전에 먼저 밀
가루를 가볍게 입힌 다음, 달걀에 씌워 전을 부쳐야 한다.

5 중간 불에서 서서히 부쳐야 굴전이 속까지 익는다.

6 굴을 부치기 전에 소금물에 가볍게 씻어 놓아야한다.

해물전, 부추전

1 해물전은 밀가루에 달걀을 풀어 조금 질척하게 반죽을 한 다음, 물오징어와 부추를 3~4cm 길이로 썰어 넣은 뒤, 준비한 해산물(조갯살, 홍합, 생새우 등)을 넣어 고루 섞은 후 소금으로 간을 한다.

2 부추전은 해물전과 같이 반죽을 하지만 해물전에 비하여 부추의 비중을 늘리고, 거기에 물오징어, 양파, 쪽파를 썰어 넣고 부친다. 제례 상에 올리는 부추전은 부추를 짧게 잘라 반죽에 넣지 않고, 부추의 길이가 같게 끝만 잘라 준 다음, 반죽을 먼저 올리고 그 위에 부추를 얹는다.

3 넓은 후라이팬에 식용유를 두르고 반죽을 팬에 얹어 모양을 잡고 부친다. 전을 부칠 때는 처음부터 눌러주지 말고 뒤집어 준 후에 전을 꾹꾹 눌러준다.

4 해물전을 찍어먹기 위한 초간장을 만들려면, 맛간장에 파, 통깨, 참기름을 넣고 초간장을 만든다. 여기에 매실청을 넣어도 좋다.

재료	
부추	1/3단
밀가루	100g
달걀	5개
물오징어(작은 오징어)	2마리
조갯살	50g
홍합	50g
소금	

1 해물전이든 부추전이든 밀가루에 비하여 달걀을 많이 넣고 반죽을 묽게 하여야 전이 부드럽다.

2 해물전이나 부추전에 부침가루를 넣으면 바삭한 맛은 있으나 부침가루는 식품첨가물을 넣어 만든 가공식품이므로 순수 밀가루가 낫다. 특히 부침가루를 넣으면 담백한 맛이 전혀 없다. 바삭한 맛을 내려면 밀가루에 찹쌀가루를 5:1의 비율로 섞으면 된다.

3 부추전이라 하여 해산물을 넣지 않고 부추만 넣으면 해물전에 비하여 맛이 덜하다. 오징어를 잘게 썰어 넣으면 한결 맛이 있다.

전을 부칠 때는 처음부터 눌러주지 말고
뒤집어 준 후에 전을 꾹꾹 눌러준다.

호박전

호박을 0.5cm 굵기로 동그랗게 썰어 소금으로 밑간을 한 후 굴전과 같이 마른밀가루를 가볍게 입힌 후 달걀을 씌워 팬에 부친다.

가지전

가을철에 나는 가지를 타원형으로 0.4cm 굵기로 썰어 소금으로 약하게 밑간을 한 다음, 밀가루를 고르게 입혀 달걀을 씌워 후라이팬에 부친다. 가지전은 굴전과 달리 달걀을 풀 때 밀가루를 조금만 섞어 푼다.

고구마전

고구마전은 호박전과는 달리 밀가루와 달걀을 묽게 풀어 0.5cm굵기로 썬 고구마를 집어넣고 비빈 다음, 고구마를 하나씩 꺼내어 부친다.

호박채전

부추전과 같이 반죽을 준비하고 누런호박을 채칼로 썰어 반죽에 넣고 섞는다. 이때 잘게 썬 시금치를 조금 넣어도 좋고, 시금치 대신 달래나 냉이를 잘게 썰어 넣어도 좋다.

메밀전

메밀전은 반죽을 적게 올려 얇게 부쳐야하고 다른 전에 비하여 열을 적게 가한다. 김장김치를 찢어 얹어 부치거나 겨울쪽파를 얹어 부친다. 여러 첨가물이 들어간 메밀부침가루보다 100% 순메밀가루가 담백하고 깊은 맛이 더 있다.

생선전(동태, 대구)

1 대구포에 소금과 후춧가루를 앞뒤로 조금씩 뿌려 10분간 재운다.

2 대구포에 밀가루를 가볍게 입히고 나서 달걀물을 씌운다.

3 후라이팬을 달구어 식용유를 두르고 대구포에 밀가루를 가볍게 입힌 다음, 달걀물을 적셔 중불에 지진다.

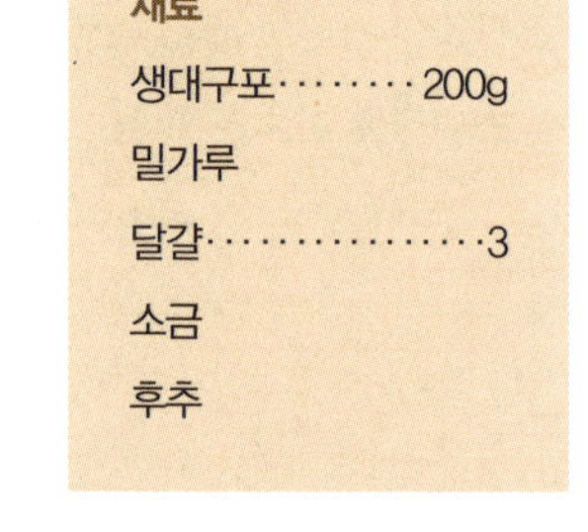

재료

생대구포········200g

밀가루

달걀···············3

소금

후추

1 생선에 소금으로 간을 조금이라도 하여야 생선살이 단단해지고 간이 맞다.

2 밀가루에 달걀물을 함께 풀어 섞은 다음, 밀가루를 푼 달걀물에 생선을 무쳐 부치면, 부치기는 쉬우나 전이 부드럽지 못하여 맛이 떨어진다.

생선에 소금으로 간을 조금이라도 하여야
생선살이 단단해지고 간이 맞다.

연근전

재료

연근·············500g
밀가루·········150g
검은깨··········50g
소금

1 연근을 깨끗하게 씻어 껍질을 감자칼로 완전하게 벗겨내고 얇게 썰어 잘게 다진다.

2 검은깨는 절구에 넣어 반쯤 갈리도록 갈아 놓는다.

3 다진 연근에 밀가루와 검은깨를 넣고 물을 조금 섞어 반죽을 한 후 소금으로 약하게 간을 한다.

4 후라이팬에 식용유를 두르고, 직경 6cm의 둥근 모양이 되게 반죽을 올려 부친다. 뒤집어주고 나서 전을 눌러 펴주고 노릇노릇할 때까지 익힌다.

1 달연근을 강판에 가는 것보다 다져 반죽을 하는 것이 씹는 맛이 있다. 다진 연근 하나로는 뭉쳐지지 않아 전을 부치가가 어렵다. 밀가루를 섞어도 반죽이 쉽지 않으나 후라이팬에 올려 열을 가하면 뭉쳐진다.

2 연근을 반죽하기 어렵다하여 달걀을 풀어 넣지 않는다.

3 식용유를 넉넉하게 두르면 맛이 나지만 열량이 높아지므로 식용유는 되도록 적게 두른다.

4 연근이 처음에는 잘 뭉쳐지지 않지만 불 위에 올려 열을 받으면 모양이 잡혀진다. 전을 후라이팬에 올리고 바로 꾹꾹 눌러주면 연근전이 흐트러진다. 한 면이 익은 뒤 뒤집고 나서 눌러 주어야한다.

5 다른 전보다 전이 두툼하므로 한 면을 중간 불로 적어도 5분 이상 익혀야 속까지 익는다.

6 연근전은 다른 전보다 담백하고 고소한 맛이 있다. 겨울철 애들에게 좋은 간식거리다.

빈대떡

1 녹두를 6시간 불려 바락바락 비벼 껍질을 벗겨낸다(겨울철에는 8시간 불린다). 찹쌀과 멥쌀은 2시간동안 물에 불려놓는다.

2 녹두, 찹쌀, 멥쌀에 물 2컵을 넣고 함께 믹서에 간다. 곱게 갈리지 않도록 한다. 소금으로 간을 하고 반죽의 농도를 맞춘다. 녹두반죽은 부치기 전에 냉장고에 넣어 1시간 숙성시킨다.

3 숙주나물은 끓는 물에 데쳐낸 다음, 칼로 다져 맛간장, 다진 마늘, 다진 파, 다진 양

재료	
녹두	4컵
찹쌀	1/4컵
멥쌀	1/4컵
돼지고기(안심)	200g
숙주	
고사리	
배추김치	
실파	
홍고추	
청고추	
소금	
맛간장	

파, 들기름을 넣고 양념하여 30분간 재운다. 고사리도 숙주나물과 별도의 그릇에 같은 방법으로 양념을 하여 재운다. 배추김치는 속을 털어내고 물기가 없이 꼭 짜서 별도 양념 없이 칼로 잘게 다져 다른 그릇에 담아놓는다.

4 갈아 놓은 돼지고기에 소금, 고춧가루, 후춧가루, 생강을 넣어 양념을 하여 재운다.

5 녹두반죽에 숙주, 고사리, 김치, 돼지고기를 함께 넣고 섞는다.

6 후라이팬에 식용유를 두르고 녹두반죽을 한 주걱 붓고 지름 12Cm의 원 모양을 잡은 다음, 풋고추와 홍고추(가늘게 원모양으로 썬다)를 올려 노릇하게 지진다. 한 번 뒤집고 뒤집어준 면이 다 익어갈 쯤, 불을 센 불로 올려주고 5~6초 후 들어낸다. 빈대떡은 다른 전과 달리 중앙부위가 도톰하며 자그만 모양이 되어야한다.

1 녹두 하나로 반죽을 하여 빈대떡을 부치면 끈기가 없어 부스러지므로 멥쌀가루와 찹쌀가루를 섞어 반죽을 하여야한다. 찹쌀과 멥쌀을 합쳐 녹두에 8분의 1이 되도록 하면 된다. 이보다 더 넣으면 빈대떡이 질어지고 녹두의 맛이 그만큼 가려진다.

2 반죽을 1시간 이상 숙성시켜야 빈대떡이 더 부드러워진다. 배추김치는 속을 1/3쯤 털어내고 물기는 최대한 짜야한다.

녹두를 너무 곱게 갈면 찹쌀을
섞어도 끈기가 없어진다.

3 녹두를 너무 곱게 갈면 찹쌀을 섞어도 끈기가 없어진다.

4 돼지고기를 반죽에 섞지 않고 고명으로 얹어 부치려면 반죽을 후라이 팬에 올리고 나서, 그 위에 양념한 돼지고기를 얹어 부치면 된다. 파삭하고 부드러운 맛이 있다.

5 숙주, 고사리, 김치, 파, 양파는 최대한 잘게 썰어 넣어야 녹두의 맛이 더 산다.

6 빈대떡을 부칠 때는 식용유를 적게 두르고 중불에서 지져야 열량이 높아지지 않으면서 녹두 맛을 더 살릴 수 있다. 돼지고기와 야채는 이미 익혀두었기 때문에 녹두가 익을 정도로 지지면 된다.

7 빈대떡을 지지면서 마지막에 불을 세게 올리는 것은 빈대떡에 남아있는 수분을 날려 아삭아삭한 맛을 내기위함이다.

8 녹두는 가격이 워낙 비싸다. 비싼 녹두 대신 동부(콩)를 갖고 빈대떡을 만들어도 좋다. 동부로 지진 빈대떡은 녹두빈대떡의 맛과 매우 흡사하여 구분하기 어려울 정도다.

특히 이 책에서 장 담는 방법을 다룬 것은 장을 담는 것이 그리 어렵지 않다는 것을 실제로 보여주고 싶었고, 간장, 된장, 고추장의 맛에서 느낀 감동을 독자들과 공유하고 싶었기 때문이다. 음식문화에 대한 저자의 생각과 맛의 기억을 살리고자 하는 저자의 진정성을 독자가 일부만이라도 이해하면, 저자가 왜 원재료의 맛을 그대로 살리려는 전통적인 조리법에 매달리고 있는지를 공감하게 될 것이다. 나아가 이 책이 전하는 메시지를 폭넓게 공유하게 될 것이다.

기타

100
RECIPE

달걀찜

조리법

1 생수(2컵)을 뚝배기에 붓고 끓인다.

2 달걀을 깨 대접에 넣어 알끈을 떼어낸다. 우유(1/2컵)와 참기름을 넣고 노른자와 흰자를 고루 풀어준 다음, 새우젓과 다진 파를 넣고 휘 저어준다.

3 뚝배기의 물이 팔팔 끓어오르면 풀어놓은 달걀을 뚝배기에 집어넣고 수저로 젓는다. 불을 조금 줄이고 뚜껑을 덮는다.

4 달걀찜이 끓어오르면 다시 한 번 휘젓고 뚜껑을 덮은 다음, 불을 약하게 줄인다. 10초 동안 뜸을 드리고 불을 끈다.

재료
달걀 ············ 4개
우유
대파

양념
새우젓 ·········· 1큰술
참기름 ·········· 5g

1 우유를 넣으면 달걀찜이 한결 부드러워 진다.

2 달걀은 맹물이나 우유에 잘 풀어지지 않다가, 참기름을 두 방울 떨어뜨리면 신기하게 잘 풀어진다.

3 달걀찜은 농도를 잘 맞추어야하고 간을 잘 맞추어야한다. 특히 불 조절이 중요하다. 저어주지 않으면 밑이 눌어붙고 새우젓이 가라앉아 간이 섞이지 않으므로 끓이는 중간에 위아래를 뒤집어 주어야한다.

4 달걀찜은 소금으로 간을 하는 것보다 새우젓으로 간을 하여야 감칠맛이 있다.

간장게장

1 꽃게에 묻은 진흙 등 불순물을 깨끗한 칫솔로 씻어 준다.

2 대파를 뿌리채 김치통에 깔고 꽃게의 등이 하늘로 향하도록 꽃게를 차곡차곡 담는다. 게를 담을 때 틈 사이에 마늘, 청양고추, 생강(편을 썬다)을 끼어 넣는다. 게를 다 담고 나면 진간장 1.8 *l* 과 물 2.2 *l* 를 붓고 양파, 통계피(4등분)를 넣은 다음, 게장담은 통을 김치냉장고 넣어 숙성시킨다.

3 3일후 게장통에서 간장만을 따라내어 펄펄 끓인 후, 한 시간 동안 식힌 다음, 김치냉장고에 옮겨 간장을 차게 만든다. 간장을 끓이는 동안 게장통은 김치냉장고에 둔다.

4 간장이 차가워지면 간장을 게장통에 다시 따라 붓고 게장통을 김치냉장고에 넣어 3, 4일 더 숙성시킨다.

재료	
꽃게(암게)	3g
양념	
양파	700g
생강	60g
알마늘	20개
대파	4뿌리
청양고추	8개
통계피	
진간장	1.8 ℓ

1 꽃게를 담을 때 꽃게의 등이 하늘을 보도록 엎어 놓아야 한다. 그 반대로 게를 뒤집어 놓으면 간장이 많이 배어 게장이 짜진다.

2 파란 대파 잎은 잘라버리지만 대파의 뿌리는 자르지 말고 깨끗이 씻어 뿌리 채로 넣어야 단맛을 낸다. 양파의 껍질을 벗길 때 주황색껍질은 벗겨내지 말아야한다.

3 꽃게가 간장에 완전히 담길 정도로 간장을 넉넉히 붓지 말고 게의 등이 약간 보일정도만 붓는다. 살아 있는 게가 움직이면서 자리를 잡으면 간장에 다 잠긴다.

4 물을 섞은 간장을 끓이지 않고 그대로 숙성시키면 게장이 상할 염려가 있으므로 중간에 한번 간장을 끓여주어야 한다. 간장을 끓일 때 야채는 그대로 두고 간장만 끓여야한다.

5 끓인 간장을 실온에서 식혀 붓지 말고 김치냉장고에 넣어 차게 한 다음 게장통에 부어야한다.

6 4월 중순부터 6월 중순에 잡히는 암게가 알이 차 있고 속살도 차있어 게장을 담기에 좋고, 10월 잡히는 수게도 게장을 담기에 좋다.

야채비빔국수

1 고추장에 매실청, 고춧가루, 다진 마늘을 넣고 양념장을 만들어 놓는다.

2 오이, 양배추, 양파, 호박, 배는 가늘게 채를 썰어 놓고, 호박채는 소금으로 약하게 간을 하여 후라이팬에 식용유를 약하게 두르고 볶아낸다. 열무는 야채의 길이로 썰고, 김은 그대로 살짝 구어 부셔놓는다. 쇠고기는 국수 가락 굵기보다 조금 굵게 채를 썰어 맛간장에 볶아 낸다. 부추는 물에 씻어 3등분한다.

3 물(1.5 ℓ)이 끓어오르면 국수를 넣고 나무 젓가락으로 계속 저어준다. 다시 물이 끓어오르면 찬물을 1컵을 두르고 젓가락으로 한 번 젓고 뚜껑을 덮는다. 3분 뒤에 부추를 집어넣고 두세 번 휘저어준 다음, 국수와 부추를 체에 밭쳐 뜨거운 물을

재료	
잔치국수 또는 메밀국수	·············· 400g
쇠고기	·········· 150g
부추	
열무	
호박	
오이	
양배추	·········· 250g
양파	············ 200g
배	·············· 1/2개
김	
양념	
고추장	·········· 3큰술
고춧가루	······ 1작은술
다진 마늘	
매실청	·········· 반컵
깨소금	
들기름	

빼내고 미리 준비한 찬물에 부어 헹군다. 체에 밭쳐 물을 빼고 찬물에 한 번 더 헹군 뒤에 손으로 국수를 잡고 물기를 꼭 짜 내린다.

4 무침그릇에 국수, 열무, 쇠고기, 오이, 호박, 양배추, 양파, 배를 함께 담고 거기에 양념장과 깨소금을 넣고 조물조물 무친다. 간을 확인하고 마지막에 들기름과 구운 김을 부셔 넣는다.

 시아버지의 잔소리

1 비빔국수는 열무김치나 배추김치 하나 보다 여러 야채를 함께 넣으면 영양가가 높고 맛있는 건강식 야채비빔국수가 된다.

2 김은 국수를 그릇에 담은 뒤, 면 위에 얹어도 좋다.

3 면발이 물러지지 않게 하려면 국수를 끓이는 중간에 찬물을 부어야하고, 삶아낸 국수는 재빨리 찬물에 두 번 헹구어 손으로 물기를 꼭 짜주어야 면발이 쫄깃해진다.

4 열무김치 대신 배추김치를 넣어도 되지만 배추김치는 열무김치에 비하여 짠맛이 강하다. 김치를 넣을 때는 손으로 김치를 꼭 짜 김치의 양념을 털어내고 짠맛을 줄여 주어야한다.

5 메밀국수는 끓는 물에 넣고 5분 30초, 잔치국수는 4분 30초 삶으면 알맞게 삶아진다.

콩국수

1 흰콩을 깨끗하게 씻어 물에 5시간 불린 후, 불린 콩에 3배의 물을 새로 잡고 센 불에 삶는다. 물이 끓어오르면 뚜껑을 열고 콩을 건져 내고, 그릇을 받친 소쿠리에 엎혀둔다. 이때 내린 물은 버리지 말고 그대로 둔다.

2 콩이 식으면 삶은 물에 물 2컵을 더 넣고 콩을 분쇄기에 곱게 갈아 콩국물을 만든다. 농도가 진하면 물을 넣어 농도를 조절하고, 콩국물을 소금으로 약하게 간을 하여 냉장고에 넣어 콩국물을 차게 만든다.

3 오이는 손에 소금을 묻혀 두 손으로 비벼 돌려 20분간 절인다음, 물에 깨끗이 씻어 채를 썰어 놓는다.

재료	
흰콩	2컵
국수	300g
오이	1
달걀	2
소금	

4 끓는 물에 국수를 넣고 국수를 휘 젓는다. 물이 다시 끓어오르면 찬물 1컵을 돌려 붓는다. 뚜껑을 덮고 국수가 삶아질 때까지 2분 30초간 더 삶는다. 삶는 동안 중간에 국수를 한번 저어준다.

5 국수가 다 삶아 지면 국수를 체에 밭쳐 건져내고 미리 준비한 찬물에 넣어 두 번 헹군다. 물기를 두 손으로 꼭 짜 소쿠리에 담는다.

6 그릇에 국수를 담고 콩국물을 따라 붓는다. 오이채와 삶은 달걀(반쪽)을 얹는다. 토마토를 썰어 올려도 좋다.

1 콩을 오래 불리면 콩의 고소한 맛이 떨어진다. 기온에 따라 차이가 있지만 여름을 기준으로 5시간 불리면 딱 맞다. 겨울에는 8시간 불려야한다.

2 콩국수의 고소한 맛은 첫째 콩이 좌우하고, 둘째 콩을 얼마나 잘 삶아내느냐가 좌우한다. 콩을 오래 삶으면 메주냄새가 나고 덜 삶으면 비린내가 난다. 끓는 거품이 가장자리에서까지 솟아오르면 콩이 다 삶아진 것이다. 더 이상 삶거나 뜸을 들이지 말아야한다. 잘 삶아진 콩은 콩을 씹었을 때 콩의 비린 맛이 느껴지지 않으면서 설컹설컹 씹힌다.

3 콩 껍질에는 섬유질과 영양분이 풍부하므로 콩 껍질은 벗겨내지 말고 모두 갈아야하고, 갈은 콩국은 면포에 거르지 말고 그대로 다 써야한다.

4 콩비지를 만들 때와 달리 삶은 콩을 분쇄기에 곱게 갈아야 콩국물이 부드럽고 깔끔하다. 예전에는 삶은 콩을 맷돌에 갈아 면포에 넣고 콩국물을 내렸으나 분쇄기에 갈을 때는 면포에 내릴 필요가 없다.

만두국

조리법

1 밀가루에 물과 식용유(1작은술)를 넣고 반죽을 한다. 밀가루와 물의 비율은 4:1로 하고 소금으로 약하게 간을 한다. 밀가루 반죽을 비닐에 싸 3시간 정도 숙성시킨 다음, 밀가루로 반죽의 농도를 조절하고 반죽이 찰질 때까지 반죽을 더 한다. 밀가루는 국내산 우리밀가루와 일반 밀가루를 반반씩 섞는다.

2 김치는 잘게 썬 후 물기가 없도록 삼베주머니에 넣고 김치 국물을 짜낸다.

3 숙주나물은 끓는 물에 데친 후 물기가 없도록 꼭 짠다. 데친 숙주나물은 잘게 썰어 다진 마늘과 소금을 넣고 무쳐 재운다.

4 두부는 면포에 감싸서 물기를 꼭 짠 후, 뭉쳐있는 두부는 손으로 하나하나 곱게 풀어준다.

재료
밀가루··········1kg
당면··········150g
돼지고기(갈은 고기)··········400g
배추김치········1.5kg
고사리········300g
숙주나물········200g
두부··········1모
대파··········5뿌리
부추··········1/3단
양념
다진 마늘
후추
생강
참기름
식용유
깨소금
고춧가루
소금

5 갈아 놓은 돼지고기에 소금, 다진 마늘, 고춧가루, 후춧가루, 생강을 넣고 무쳐 재운다.

6 당면은 삶아낸 뒤 물기를 빼고 2cm길이로 잘게 썰어 놓는다.

7 고사리는 잘게 썰어 맛간장, 다진 파, 다진 마늘, 참기름 넣고 무쳐 30분간 재운 다음, 식용유에 볶는다.

8 부추와 대파는 잘게 썰어 위의 재료와 함께 고루 섞어 만두소를 만든다. 소금으로 간을 맞춘 다음, 다진 마늘, 참기름과 깨소금을 넣고 무쳐 1시간 재운다.

9 작은 홍두깨로 지름 9cm 정도의 원 모양으로 만두피를 밀고, 거기에 만두소를 넣고 만두를 빚는다.

10 쇠고기는 찬물에 30분간 넣어 핏물을 뺀 다음, 4~5토막을 내어 물 5 l 에 무와 대파, (생)표고버섯을 썰어 넣고 1시간 삶아 육수를 만든다. 양지머리는 40분 후 건져내고 무, 대파, 표고버섯은 20분 뒤에 건져낸다.

11 육수에 찐만두를 먼저 끓이다가 중간에 흰떡을 넣고 끓인다. 마지막에 다진 파를 넣고 휘 젓는다. 쇠고기는 가늘게 찢어 만두국에 고명으로 얹는다.

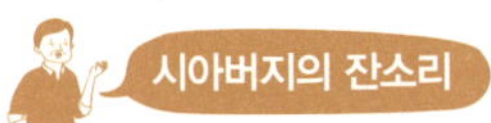

1 밀가루 반죽은 되다 싶을 정도로 해야 만두피를 밀 때 달라붙지 않고

만두가 터지지 않는다. 대신 반죽을 오래해야한다.

2 밀가루반죽에 식용유를 넣으면 반죽이 찰진 맛이 생긴다. 달�은 풀지 않는다.

3 김치나 숙주나물을 물기를 짜내지 않고 그대로 넣으면 만두소에서 물이 생겨 만두가 터지기 쉽다.

4 만두소에는 부추와 당면을 꼭 넣어야하고 쪽파보다는 대파를 다져 넣는 것이 좋다. 고사리를 잘게 썰어 볶아 넣으면 씹는 맛이 있고 만두 맛이 확 달라진다. 무말랭이를 물에 불려 갖은 양념을 하여 잘게 썰어 만두소에 넣으면 만두소의 씹는 맛이 일품이다.

5 만두의 맛은 만두소에 달려있다. 김치가 맛이 있어야함은 물론 양념을 맛있게 하여야한다. 만두소를 먹었을 때 맛을 느낄 정도로 갖은 양념을 하여야한다.

6 빚은 만두를 바로 삶지 않고 다음날 삶으면 만두피에 수분이 빠져 만두가 터질 확률이 크다. 바로 찔 만두가 아니면 만두를 찜기에 1차 쪄낸 다음, 실온에 두었다가 찌면 만두가 터지는 것을 막을 수 있다. 장기 보관 해 두려면 쪄낸 만두를 비닐봉지에 담아 공기가 통하지 않도록 꼭 동여맨 후 냉동 보관시킨다.

떡국

1 쇠고기는 잘게 썰어 놓고 김은 맨 김을 불에 구워놓는다.

2 멸치와 다시마를 넣어 다싯물을 낸다. 물이 끓으면 불을 줄이고 다시마는 7분 뒤에 건져내고 멸치가 우러날 때까지 10분간 더 끓인다.

3 멸치를 건져낸 뒤, 쇠고기를 넣고 끓인다.

4 국이 끓고 나서 5분 뒤에 흰떡을 집어넣고 끓인다.

5 떡국이 끓으면 3분 뒤에 집간장과 소금으로 간을 한다. 달걀을 풀어 넣고 다진 파를 넣은 다음, 불을 줄여 2분간 뜸을 드린다.

6 후추는 떡국을 떠낸 뒤에 넣고 김은 잘게 부셔 떡국 위에 얹는다.

재료

재료	
흰떡	500g
쇠고기	100g
멸치	30g
다시마	
김	
달걀	2개
대파	
양념	
집간장	
소금	
후추	

1 집간장과 소금을 반반씩 나누어 간을 하면 국물의 색깔도 좋고 떡국의 맛도 있다. 소금 하나로 간을 하면 국물은 깔끔하나 집간장을 섞어 넣었을 때보다 국물맛이 떨어진다.

2 쇠고기를 집어넣기 전에 멸치는 미리 건져 내야한다. 멸치는 이미 다 우러났고, 더 끓여봤자 퉁퉁 불은 멸치가 우러난 쇠고기 국물을 빨아들이기만 한다.

3 쇠고기를 잘게 썰었기 때문에 5분 정도 끓이면 고기가 다 익는다. 흰떡은 쇠고기가 익자마자 바로 집어넣는다.

4 다싯물 대신 김치국을 끓여 떡국을 끓이면 국물이 시원한 김치떡국이 된다. 김장김치와 쇠고기를 잘게 썰어 넣고, 정해진 분량의 물을 부어 김치가 익을 때까지 20분간 끓인 뒤에 흰떡을 넣는다.

카레덮밥

1 물 1컵에 카레가루를 풀어 놓는다.

2 돼지고기, 감자, 당근, 양파, 양송이를 잘게 썰어 놓고 감자와 당근은 양파에 비하여 더 작은 크기로 썬다.

3 큰 냄비에 식용유를 두르고 돼지고기와 야채를 함께 넣고 센 불로 2분간 볶는다.

4 여기에 물 4컵을 붓고 쇠고기와 야채를 익힌다. 감자가 90%정도 익을 때쯤(12분정도 되면 감자가 거의 익는다) 카레를 넣고 주걱으로 휘저어가며 3분간 끓인다.

재료

카레	300g
돼지고기 안심	150g
감자	200g
당근	150g
양파	150g
양송이	50g

시아버지의 잔소리

1 카레를 오래 끓이면 카레 향이 줄어들면서 카레 맛이 떨어지므로 카레가 끓어오르면 바로 불을 줄여 3분간 끓이면 딱 맞다.

2 야채를 볶을 때에는 센 불에서 볶아내야 야채가 질겨지지 않고 야채의

3 카레는 돼지고기와 궁합이 맞다. 쇠고기보다 돼지고기를 넣어야 깊은 맛이 있다.

4 싱싱한 물오징어를 잘게 썰어 넣으면 아이들이 좋아하는 오징어카레덮밥이 되고, 김치를 잘게 썰어 넣으면 김치카레덮밥이 된다. 물오징어 대신 키조개를 잘게 썰어 넣으면 감칠맛이 있다.

5 김치를 넣을 때에는 야채를 넣고 나서 5분 뒤에 넣어야한다. 다른 야채보다 덜 익히는 것이 좋다. 김치는 볶지 않고 양념을 털어내지 않은 상태 그대로 넣는다.

6 카레의 원료인 강황에 들어 있는 커큐민(노란색소)이 혈액 내의 지방을 산화시켜 혈관계통에 큰 효능이 있다. 또 카레에 들어 있는 '카프사이신'이 체내에 흡수되면 뇌를 자극해 '카테고라민'이 라는 호르몬의 분비를 촉진시키고, 이 호르몬이 지방의 대사를 촉진시켜 다이어트 효과가 있는 건강식품이다.

김밥

1 물을 적게 잡고 지은 뜨거운 밥에 소금으로 간을 약하게 한 후, 참기름을 넣고 주걱으로 밥을 섞는다.

2 달걀 3개를 풀어 소금으로 약하게 간을 하고 노른자와 흰자를 고루 섞은 다음, 후라이팬에 식용유를 조금만 두르고 달걀전을 얇게 부쳐 길게 썰어 놓는다. 여기에 양파 같은 것을 넣지 않는다.

3 시금치(또는 부추)는 끓는 물에 살짝 데친 다음, 소금으로 간을 약하게 하고 참기름을 넣고 무친다. 깻잎은 물기를 닦고 길이로 2등분한다.

재료

김밥용 김
김밥용 단무지
당근
우엉
김밥용 햄
게맛살
달걀
시금치(또는 부추)
오이
깻잎

4 우엉을 채칼로 가늘게 썰어 식용유에 살짝 볶아 약한 불에 맛간장으로 6
  분간 조린다. 조림장에는 마늘을 미리 넣는다. 다 조리고 나서 올리고당을
  넣는다.

5 당근은 가늘게 채를 썰어 소금으로 약하게 간을 한 뒤, 식용유를 조금 넣
  고 팬에 볶아낸다.

6 햄과 게맛살은 식용유 없이 후라이팬에 그대로 구워낸 다음, 가늘게 찢어
  놓는다. 오이는 얇고 길게 썰어 소금물에 살짝 절여 물에 씻어둔다.

7 김발에 김을 깐 뒤, 김 위쪽으로 3cm정도를 남기고 밥 3큰술을 얇게 펴준
  다음, 깻잎을 먼저 깔고 준비된 단무지 등 재료를 밥 위에 하나하나 올려
  쌓은 다음, 재료가 한 가운데로 모이도록 김발을 꼭꼭 눌러가며 말아준다.

1 단무지, 달걀말이, 당근, 우엉, 오이, 시금치(부추), 햄, 게맛살, 깻잎은
  김밥에 들어갈 기본재료이고 쇠고기, 김치, 고사리나물은 선택적이다.
  쇠고기를 넣을 때는 쇠고기를 갈아 맛간장, 다진 마늘, 참기름을 넣고
  미리 볶아 놓아야한다. 특히 김밥에 고사리나물을 볶아 김밥에 넣으면
  김밥이 한결 맛이 있다.

2 당근은 가늘고 길지 않게(6cm) 썰어 볶아야한다. 당근을 크게 썰어 볶
  으면 당근 특유의 냄새가 난다.

3 깻잎을 넣으면 향긋한 깻잎의 향이 김밥을 맛있게 한다. 깻잎은 얇은

것이 좋다.

4 시금치를 무칠 때는 마늘이나 파는 넣지 않는다.

5 김밥이 굵어지지 않도록 밥을 적게 넣고 단무지와 오이는 가늘게 썰어야한다.

6 김밥은 단무지가 맛을 좌우한다. 식초와 설탕에 절여 만든 김밥용단무지라도 맛이 제각기 다르다.

7 햄을 넣지 않을 경우에는 어묵을 볶아 넣으면 좋다.

8 여름철에는 시금치보다 부추가 낫다.

9 김밥에는 시원하게 끓인 콩나물국이나 김치콩나물국을 곁들이는 것이 좋다. 콩나물국에는 고춧가루를 넣지 않고 소금으로 간을 하여 맑고 담백하게 끓여야한다. 콩나물국은 맹물보다 다싯물에 끓이면 감칠맛이 있다.

잡채

1 당근은 가늘게 채를 썰고, 목이버섯(물에 1시간 불려 부드럽게 한다), 느타리버섯, 양파는 굵게 썰어 소금으로 각각 밑간을 한 다음, 양파, 당근, 버섯 순으로 후라이팬에 식용유를 조금 두르고 따로 볶아낸다.

2 시금치는 잎을 하나하나 떼어내 다듬은 다음, 끓는 소금물에 넣고 살짝 데친다. 체에 받쳐 물기를 빼고 손으로 꼭 짜서 물기를 더 빼준 다음, 소금으로 간을 약하게 하고 참기름을 넣어 무친다.

3 돼지고기는 3~4cm 길이로 가늘게 썰어 맛간장으로 밑간을 약하게 한 뒤, 후라이팬에 식용유를 두르고 다진 마늘을 넣고 볶아낸다. 볶아낸 돼지고기는 건져내고, 볶으면서 생긴 물은 버리지 말고 거기에 양파, 당근, 버섯을 넣고 함께 무친다.

4 식용유 10g를 넣고 끓인 물에 당면을 삶아 낸 후 찬물에 헹구어 체에 받쳐 물기를 뺀다.

재료

당면

시금치

양파

당근

돼지고기(목살)

목이버섯

느타리버섯

참기름

깨소금

설탕

5 삶아 낸 당면을 무침용 그릇에 넣고, 거기에 볶은 돼지고기, 야채, 양념
　에 무친 시금치를 함께 넣고 맛간장으로 간을 하면서 당면을 무친다.

6 마지막으로 설탕, 참기름과 깨소금을 넣고 무친다.

1 당근, 시금치, 버섯, 양파는 소금으로 밑간을 약하게 하여 볶는다.

2 당근 등 야채를 볶을 때 식용유를 많이 넣게 되면 기름이 당면에 섞여
　져 잡채의 맛이 떨어지고 열량이 높아지므로 야채를 볶을 때는 식용유
　를 적게 넣어야한다. 힘이 들더라도 이들 야채는 함께 볶는 것보다 따
　로따로 볶는 것이 좋다.

3 삶아 낸 당면을 식용유에 볶아내면 면발이 물러지지 않고 당면이 윤기
　가 나지만, 야채와 고기를 식용유에 볶았기 때문에 당면 한 가지라도
　기름에 볶지 않는 것이 좋다. 열량이 줄어들고 단백 한맛이 있다.

4 식용유를 넣고 당면을 삶으면 면발이 덜 물러진다.

5 돼지고기를 갈아서 볶는 것보다 가늘게 썰어 볶아야 씹는 맛이 있다.
　돼지고기 대신 쇠고기를 써도 되지만 돼지고기가 깊은 맛이 더 있다.
　돼지고기를 볶아낸 국물은 따라내지 말고, 그 국물에 양파, 당근, 버섯
　을 무치면 한결 맛이 난다.

6 겨울에는 시금치가 좋으나 여름에는 시금치 대신 부추를 넣는 것이
　낫다. 부추를 넣을 때는 소금보다 맛간장으로 밑간을 하여야한다. 특

히 한 여름에 시금치나 당근을 넣으면 잡채가 쉬 상할 염려가 있으므로 시금치나 당근 대신 피망(푸른색의 피망과 붉은색의 피망)을 길이로 가늘게 썰어 볶아 넣으면 잡채가 깔끔하면서 쉽게 상하지 않는다.

떡볶이

1 떡에 간이 잘 배도록 끓는 물에 떡을 데쳐 내어, 마치 바로 빼낸 떡가래처럼 말랑하게 만들어 놓는다.

2 냄비에 물 2.5컵을 붓고 멸치 다싯물을 만든다. 거기에 맛간장과 고추장을 풀어 간을 맞춘 다음, 다진 마늘, 고춧가루, 올리고당을 섞어 양념장을 끓인다.

3 양념장이 끓으면 어묵과 가래떡을 넣고 간이 배도록 뒤적이며 볶는다.

4 5분 뒤에 양파, 당근, 양배추를 썰어서 집어넣고 함께 볶는다.

5 야채가 어느 정도 익으면 불을 줄이고 다진 파, 설탕, 깨소금, 참기름을 넣고 뒤적여준다.

재료

가래떡	600g
조기어묵	1장
당근	150g
양배추	200g
양파	200g
대파	

양념

고추장	2.5큰술
고춧가루	2큰술
맛간장	1큰술
다진 마늘	
올리고당	1큰술
설탕	1큰술
깨소금	
참기름	

1 떡볶이도 고추장 하나로 간을 하면 텁텁하므로 고추장을 반으로 줄이고 맛간장을 넣어 간을 맞춘다.

2 끓는 물에 데친 떡을 볶아야 간이 빠르게 배어, 약한 열을 오래 가하여도 떡이 물러지지 않는다. 반대로 데치지 않고 굳어있는 떡을 그대로 볶으면 떡이 물러진다.

3 떡볶이에는 양파 이외에 당근과 양배추를 썰어 떡과 함께 익히면, 떡이 맛있고 야채가 다른 양념과 어우러져 맛을 더한다.

4 야채를 많이 익히면 식감이 떨어지므로 야채는 중간에 넣고 볶는다.

5 다싯물 대신 쇠고기 육수를 만들어 떡을 볶아도 좋다.

6 떡볶이에는 올리고당이나 물엿 같은 당분을 첨가시켜야 떡에서 윤기가 나고 맛이 있다. 떡볶이에 고춧가루를 넣는 경우에는 고추의 매운 맛을 가시게 하기 위하여 설탕을 조금 넣는다.

7 가느다란 떡볶이용 떡보다 굵은 가래떡을 반으로 갈라 볶으면 쫄깃한 맛이 더 있다.

끓는 물에 데친 떡을 볶아야 간이
빠르게 배어, 약한 열을 오래 가하여도
떡이 물러지지 않는다.

식혜

1 엿기름을 물 7 *l* 에 3시간 불려놓는다.

2 물에 불린 엿기름을 면포주머니에 집어넣고 하얀 엿기름분이 완전하게 빠져 나올 때까지 주물러 짠다. 빼낸 엿기름물은 체에 밭쳐 다시 내리고, 들통에 부어 앙금을 가라앉힌다.

재료

엿기름	1kg
멥쌀	2컵
설탕	1컵

3 30분이 지난 후, 맑은 물을 따라내어 엿기름물(약 6 *l*)을 만든다.

4 전기밥통에 밥이 다 되면 주걱으로 휘저은 다음, 엿기름물을 3 *l* 따라 붓고 4시간 30분 동안 보온을 시킨다. 전기압력밥솥이 아닌 일반전기밥솥에서는 보온을 1시간 더 시켜야한다. 그 이전이라도 밥알이 떠있는지를 확인하고 밥알이 20~30알 이상 떠있으면 밥알과 함께 삭힌 엿기름물을 들통에 따라 붓는다.

5 남겨 두었던 엿기름물을 들통에 따라 붓고 함께 끓인다. 펄펄 끓어오르기 전에 위에 뜨는 회색 거품은 거름망으로 걷어낸다.

6 끓이는 중간에 설탕 1컵을 집어넣고 당도를 확인한다.

7 식혜는 엿기름의 냄새가 나지 않을 정도로 30분간 끓인다. 끓인 식혜는

식힌 후 팻트병 3병에 담아 냉장 보관한다.

1 엿기름은 많이 넣는 것도 좋지만 엿기름 자체가 중요하다. 겨울에 얼
   말린 엿기름은 당도가 높아 설탕 없이도 식혜의 단맛이 난다.

2 앙금을 오래 가라 앉히면 식혜가 싱거워진다. 30분 정도면 어느 정도
   가라앉는다. 가라앉은 앙금만 놔두고 물은 95%만 쓴다. 맑은 물만 쓰
   면 식혜가 싱겁다.

3 쌀을 안칠 때는 평소에 비하여 물을 적게 잡아 밥을 되게 하는 편이 좋
   다.

4 식혜를 끓일 때는 삭힌 밥알을 다 넣고 끓여야한다. 밥알을 모두 건져
   내 찬물에 헹구어 보관했다가 식혜에 밥알을 띄우면 밥알이 둥둥 뜨지
   만 식혜의 단맛은 떨어진다.

5 식혜를 끓일 때 처음 뜨는 회색거품은 펄펄 끓기 전에 모두 걷어 내야
   한다.

엿기름

식혜와 고추장의 맛은 전적으로 엿기름에 달려있다. 문제는 당도가 높은 양질의 엿기름을 구할 방도가 없다. 대형마트에서 파는 엿기름은 물론 시골의 5일 시장에서 할머니가 맷돌에 직접 갈아 놓은 엿기름마저도 옛날의 엿기름과는 거리가 있다. 겉보리를 사서 옛날의 방식대로 엿기름을 직접 만들어 쓸 수밖에 없다. 엿기름을 만드는 방법은 생각보다 간단하고 가격도 저렴하다. 이제부터는 엿기름을 만들어 식혜도 만들고 고추장도 담는데 쓰도록 한다.

1 겉보리 한말(8kg)을 함지박에 넣고 3시간동안 물에 불린다.

엿기름은 입동이 지난 초겨울(11월 25일 이후)에 만든다.

2 물에 불린 겉보리를 큰 소쿠리에 담아 보자기를 얹어 그늘진 곳에 싹을 틔운다.

3 물을 하루에 두 번 흠뻑 주고 2일 째부터는 하루 한 번 뒤집어준다. 4일이 지나면 뿌리가 하얗게 먼저 나오기 시작하고 6일 되면 새싹의 눈이 트기 시작한다. 뿌리가 나오면서 서로 뭉쳐진 덩어리는 손으로 일일이 풀어 주어야한다. 그대로 두면 열이 나서 보리싹이 고르게 나지 않는다.

4 1주일이 되어 보리싹이 1cm 정도 나오면 양지에 내다 널어 말린다. 엿기름의 당도를 높이려면 얼말려야한다. 보리싹은 추운 밤에 얼었다 낮에는 햇볕에 녹다를 10일 이상 반복하면서 말린다. 이렇게 말리는 과정을 '얼말린다'고 한다.

5 싹을 틔운 보리가 바짝 마르면 뿌리와 싹이 몸체와 분리되도록, 면장갑을 끼고 보리를 두 손바닥으로 강하게 비벼 준 후, 굵은 체에 밭쳐 뿌리가루를 걸러낸다.

6 다 말린 보리싹을 예전에는 맷돌에 갈아 엿기름을 만들었으나 요즘은 방앗간의 기계로 갈아 만든다.

7 엿기름의 당도를 높이려면 엿기름을 곱게 빻지 말고 반쯤만 빻도록 한다.

8 엿기름은 냉장 보관하여야 탈이 없다. 실온에 보관하다가는 나방이 알을 까놓아 엿기름을 쓰지 못하는 경우가 있다.

조청

1 수수(200g)를 1시간 동안 물에 불려 멥쌀(800g)과 섞어 평소보다 물을 적게 잡고 전기밥통에 밥을 짓는다.

2 엿기름 1kg을 미지근한 물 4ℓ에 풀어 3시간 불린다. 손으로 엿기름을 중간에 두세 번 풀어준다. 삼베주머니에 엿기름을 담아 엿기름물을 내린다.

3 밥이 다 지어지면 주걱으로 뒤집어주고, 엿기름물을 밥통에 넣고 보온으로 7~8시간 삭힌다.

4 밥알이 완전히 삭혀지면 베자루에 퍼 담아 꼭 짠다.

5 짜낸 뽀얀 당화액 3ℓ을 들통에 담고, 뚜껑을 5분의 1정도 열어 둔채 센 불로 30분간 끓인다. 불을 줄이고 뚜껑을 조금만 열어 놓은 상태에서 3시간동안 주걱으로 중간 중간 저어가며 끓인다. 기포가 방울방울 올라오면 5분 간격으로 젓는다.

6 농도가 멀겋게 잡히면서, 거품이 버글버글 나고, 진한 갈색이 되며, 엿 냄새가 진동을 하면 불을 내려 식힌다. 조청(1ℓ)이 다 식으면 유리병에 담는다. 조청을 끓이는 데 4시간 정도 걸린다.

매실청 담기

1 매실을 손질하여 물에 깨끗이 씻은 후 매실에 물기가 없을 때까지 체에 받쳐놓는다.

2 **매실과 설탕의 비율은 10:9로 한다.** 항아리에 매실 2kg을 한켜 깔고 그 위에 황설탕 9kg의 1/5를 고르게 뿌린다. 이를 다섯 번 반복한다.

3 10일이 지난 후, 가라앉은 설탕을 손으로 덩어리째 위로 퍼 올려 준 다음, 뭉쳐진 덩어리가 그대로 가라앉지 않도록 손으로 곱게 풀어준다. 그로부터 1주일 간격으로 두 번 더 반복한 뒤, 공기가 통하지 않도록 항아리를 비닐로 감싸주고 고무줄로 감아 맨다.

4 **1년 동안 실온에서 발효 숙성시킨다.** 100일이 아니다.

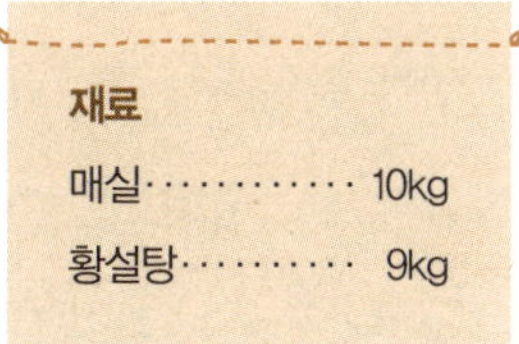

재료

매실············· 10kg

황설탕·········· 9kg

1 매실은 플라스틱병이나 유리병보다 항아리에서 숙성이 잘되고 매실은 굵을수록 매실청이 많이 나온다.

2 흑설탕을 제외한 백설탕이나 황설탕은 어느 것을 써도 좋고 섞어 넣어도 좋다. 유기농설탕은 비싼 가격에 비하여 일반설탕과 크게 차이가 없다.

3 가라앉은 설탕을 3번 풀어주지 않으면 설탕이 침전되어 매실이 숙성되지 못하고 식초로 변한다.

4 매실과 설탕의 비율을 1:1로 하면 설탕을 많이 넣는 것이다. 숙성에 지장을 주지 않을 만큼의 설탕만 넣는 것이 좋다. 설탕을 10%를 줄여도 숙성에 전혀 문제가 없고, 오히려 매실의 향은 더 높아지며 당도는 그만큼 떨어지는 효과가 있다.

5 매실에는 아미그달린이라는 독성이 있지만 매실을 최소 1년 동안 발효 숙성시키면 매실의 독성이 완전히 분해가 된다.

팥 삶기

1 밥사발로 한 그릇 되는 팥에 물을 비슷하게 붓고 1차로 끓인다.

2 **물이 끓어오르면 끓인 물을 따라내고 팥의 2.5배되는 물을 새로 붓고 다시 끓인다.** 물이 끓으면 불을 약하게 줄여 약한 불로 30여분정도 더 끓여 팥을 80%정도 익힌다.

3 팥을 다 삶고 나면 삶은 물은 얼마 남지 않는다. 남은 물을 따라 버리지 말고 팥과 함께 그대로 냉장 보관한다.

1 팥은 콩과 달리 물에 불리지 않고 삶아야 하고, **팥을 삶은 첫물은 따라 버리고, 물을 다시 부어 팥을 삶아야한다.** 1차로 끓인 팥물을 버리지 않고 그대로 팥을 삶으면 팥에 들어 있는 칼륨과 알칼로이드 등 떫은 성분이 빠지지 않는다. 특히 팥에 다량으로 함유된 사포닌의 과다섭취로 설사나 소화 장애를 일으킬 수가 있다.

2 팥은 중간 불로 은근하게 삶아야 한다. 팥을 압력밥솥에 삶거나 센 불

에 삶으면 팥이 터질 수 있다. 처음 3분간은 팥을 센 불에서 끓이다가 불을 중간으로 줄여 은근한 불에 삶아야 한다. 팥을 삶는 데는 유리뚜껑냄비가 좋다.

3 팥이 터질 정도로 삶으면 밥에는 물론 호박죽에도 쓸 수가 없다. 밥에 넣을 팥은 80%정도 삶고 호박죽에 넣을 팥은 완전히 삶아야한다. 그러나 팥죽에 넣을 팥은 50분 이상 푹 삶아 팥이 터지도록 삶아야한다. 팥을 삶을 때 들어가는 물은 팥의 양을 기준하여 2.5배 잡으면 된다.

4 팥은 15일 이내에 쓸 분량만 삶아 냉장 보관한다. 팥을 많이 삶아놓고 오랜 기간 보관하면 다른 음식과 마찬가지로 영양분이 파괴되고 팥의 단맛이 떨어진다.

감자 삶기

1 감자(900g, 중간크기 기준 6개)의 껍질을 얇게 벗긴다.

2 감자를 냄비에 넣고 감자가 잠기지 않도록 물을 1 *l* 보다 조금 안되게 붓고, 소금은 작은술로 하나만 넣어 삶는다.

3 물이 끓으면 불을 줄이고 40분 정도 끓인다. 물이 반 컵 정도 남아 있을 때 설탕 1큰술을 감자 위에 뿌려준 다음, 불을 세게 올려 남아있는 물이 다 없어질 때까지 3분간 더 끓인다. 만약 40분을 끓였을 쯤에 물이 반 컵 이상 남아있다면, 그 이상의 물은 불을 올리기 전에 따라낸다.

4 냄비에서 물이 다 증발되었다는 소리가 크게 나면 냄비를 들고 좌우로 여러 번 흔들어준다.

1 감자는 6월 중순경부터 나오기 시작하는 햇감자 중에서도 껍질이 진하면서 꺼칠꺼칠한 분감자가 수분이 적어, 감자분이 하얗게 나온다.

2 감자는 생각보다 더디 익고 크기에 따라 삶는 시간이 다르다. 중간크기

의 감자일 경우 불을 중간보다 높게 하여 40분간 삶아야한다. 이를 기준하여 감자의 크기에 따라 삶는 시간을 조절하면 된다. 감자를 삶는 데는 두터운 냄비보다 얇은 냄비가 좋다.

3 감자가 다 익어갈 무렵 불을 세게 올려 감자의 수분을 날려주어야 한다. 냄비를 잡고 좌우로 흔들면 감자 속에 있는 전분이 밖으로 빠진다. 그렇게 익혀야 감자 속이 부드러우면서 파삭파삭하게 된다. 감자가 부서지거나 노릇노릇하게 탄 것은 잘 삶아진 것이다.

옥수수 삶기

1 옥수수 속껍질을 물에 씻어 냄비바닥에 3겹을 깔아 놓고 옥수수를 올려 놓는다. 옥수수 속껍질을 넣고 옥수수를 삶으면 옥수수껍질에서 나온 단물이 옥수수에 배어 옥수수가 한결 맛이 있다. 옥수수 속껍질을 벗겨내지 않은 상태로 옥수수를 삶으면 옥수수가 잘 익지 않고 간이 배지 않는다.

2 물은 옥수수가 80% 잠기도록 잡는다. 물을 적게 잡았기 때문에 옥수수를 삶는 동안 중간에 옥수수의 위치를 서로 바꿔 주어야한다. 옥수수가 잠기도록 물을 잡으면 단물이 빠져 옥수수가 싱거워지고 반대로 물을 적게 잡고 뜨거운 김에 찌면 옥수수가 부드럽게 쪄지지 않고 간이 잘 배지도 않는다.

3 물 1 *l* 에 소금 1작은술 정도로 약하게 간을 하고, 인공감미료는 물 1 *l* 를 기준으로 1g 넣는다. 물이 끓으면 불을 조금 줄여 20분간 삶다가 불을 끄고 잠시 뜸을 들인다. 옥수수를 삶는 시간은 옥수수가 영근 상태에 따라 조절한다.

돼지고기 삶기

 조리법

1 돼지고기 1kg에 맞추어 물을 작게 잡고(1 *l*) 양파, 대파, 생강, 집간장, 소주를 넣고 물을 끓인다.

2 돼지고기는 물에 한번 씻은 다음, 크게 3등분한다.

3 물이 끓어오르면 돼지고기를 3등분한 덩어리채 집어넣고 다시 물이 끓어오르면 불을 낮추고 뚜껑을 덮는다.

4 중간 불로 30분 삶은 다음, 젓가락을 이용하여 고기를 찔러 푹 들어갈 정도가 되면 꺼내어 0.8cm 두께로 돼지고기를 썬다.

5 새우젓에 풋고추를 썰어 넣고, 고춧가루를 조금 섞어 새우젓양념장을 만든다.

재료

앞다리살	1kg
집간장	1/2컵
대파	2뿌리
양파	1개
생강	1쪽
소주	1/2컵

 시아버지의 잔소리

1 돼지고기는 핏물이 없어 삶기 전에 물에 담글 필요가 없다.

2 돼지고기의 누린내를 줄이는 데에는 알콜만 한 것이 없다. 된장도 잡냄새를 잡는데 상당한 도움이 되지만 된장을 넣으면 잘 익지 않는다. 생강은 돼지고기의 잡냄새를 잡아준다.

3 돼지고기를 센 불에 삶으면 기름기가 빠져 고기가 퍽퍽하고 육질이 부드럽지 못하다. 중간보다 조금 센 불에 삶아야 육질이 부드럽다.

4 돼지고기를 삶는 중간에 꺼내서 찬물에 샤워를 시키거나, 다 삶은 돼지고기를 찬물에 집어넣으면, 육질이 단단해져 부드럽지 못하다.

5 집간장을 넣고 돼지고기를 삶으면 고기에 간이 약하게 배어 고기가 한결 맛있게 삶아진다.

6 돼지고기수육용으로는 앞다리살이나 목살이 좋다.

김 굽기

1 들기름을 작은 그릇에 따라 놓는다.

2 쟁반에 김을 올려놓고 홈이 파진 수저등에 들기름을 묻혀 김에 문질러가며 고르게 바른다.

3 들기름을 다 바르고 나면 한 장씩 소금을 고르게 뿌려 재운다.

4 후라이팬에 열을 가한 후 불을 조금 줄인 상태에서 들기름에 재운 김을 한장씩 집게로 집어 앞뒷면을 한번 씩 굽는다.

5 구운 김은 6등분하여 지퍼팩에 넣은 다음, 냉장 보관한다.

재료

김············· 20장

들기름·········3큰술

함초천일염

1 김을 집에서 직접 구어야 하는 이유는 간단하다. 시중에서 유통되는 구운 김이 꺼림직 하기 때문이다. 염산을 뿌려 만든 김을 대부분 사용하였고 들기름이 아닌 옥배유(옥수수기름)를 발라 맛소금을 뿌려 맛을 낸 김들이다. 거기에 상온에서 장기보관이 가능하도록 제습처리까지 한

김까지 있어 신뢰감이 안 간다.

2 김을 직접 구우려면 염산을 뿌리지 않은 재래식 김(무산김)에 들기름을 발라 구어야 한다. 김에 뿌리는 소금은 간수를 뺀 천일염을 볶아 사용하거나, 천일염을 정제하여 함초까지 코팅하여 만든 함초천일염을 쓰면 좋다. 정제염에 인공조미료를 코팅한 맛소금은 김을 굽는 데 적합하지 않다.

3 후라이팬이 뜨겁게 달구어지면 김이 타기가 쉽고, 후라이팬이 덜 달구어지면 김을 바싹 굽기가 힘들다. 김을 굽기에 알맞게 불을 맞춘 다음, 김을 집개로 잡고 앞뒤로 양면을 구어 수분(들기름)을 완전히 날려 보낸다는 생각으로 구어야 한다. 김을 후라이팬에 대지 말고 후라이팬 위를 스쳐지나가게 굽는다. 김을 후라이팬에 내려놓고 꾹꾹 눌러주면 김에서 화근 내가 난다.

4 김은 한 장씩 구워야한다. 두 장씩 구우면 김에서 올라오는 들기름과 수분이 밖으로 바로 빠져나가지 못하여 김이 바싹 구어지질 않는다.

5 들기름을 많이 바르면 김이 바싹 굽히지 않고 들기름과 수분이 그대로 남게 된다. 들기름을 적당하게 발라 구운 김이라도 오래 보관하면 눅눅해지므로 구운 김은 공기가 통하지 않게 밀봉하여 냉장 보관하여야한다.

쌈장

1 우렁이, 호박, 양파, 표고버섯, 풋고추는 잘게 썰어 놓고 두부는 곱게 으깨놓는다.

2 다시마를 넣고 다싯물을 1컵 끓여 놓는다.

3 후라이팬에 식용유를 두르고, 썰어놓은 야채와 해산물을 센 불에 5분간 볶은 뒤 된장과 으깨놓은 두부, 다진 마늘을 넣고 3분간 더 볶는다. 중간에 끓여 놓은 다싯물을 섞는다.

4 마지막으로 고춧가루를 넣고 한 번 더 볶는다.

5 볶은 쌈장은 식혀 밀폐용기에 담아 냉장 보관한다.

6 된장을 볶을 때는 참기름 없이 볶아 두었다가, 쌈장을 덜어 낼 때 참기름을 넣고 섞어준다.

재료	
된장	400g
두부	반모
우렁이	40g
표고버섯	3개
애호박	150g
양파	200g
청양고추	2
양념	
다진 마늘	
고춧가루	
참기름	

1 쌈장에 쓰는 된장은 집에서 담근 된장이어야 제 맛을 낼 수 있다.

2 야채와 해산물만으로 쌈장의 염도를 낮추는 데 한계가 있어 다싯물을 넣고 된장의 짠맛을 줄여야한다. 겨울에는 다싯물 대신 찰쌀죽을 쑤어 섞어주어도 좋다.

3 쌈장에 파를 넣어 볶으면 쌈장이 상할 우려가 있다.

4 여름철에는 청양고추가 매운맛이 강하므로 풋고추를 써야한다.

5 쌈장에 물오징어를 잘게 썰어 야채와 함께 볶으면 감칠맛이 있다.

6 쌈장을 냉장 보관하여도 물이 조금씩 생기고 맛이 변할 수 있으므로 한 번에 많은 양을 만들지 말고 3~4일 내에 쓸 정도만 만든다.

7 쌈장은 된장으로 만드는 쌈장 외에 액젓으로 만드는 쌈장이 있다. 다시마나 곰피 같은 해산물에는 된장보다 생멸치젓으로 만든 젓갈쌈장이 제격이다. 젓갈쌈장은 멸치액젓이 아닌 생멸치젓을 손질하여(멸치의 잔 뼈를 발려낸다) 다진 양파, 다진 마늘, 청양고추를 총총 썰어 넣고 고춧 가루, 참기름, 식초를 섞어 만든다. 청양고추, 고춧가루, 식초는 젓갈의 비린 맛을 줄이고 양파는 젓갈의 염도를 낮춘다. 젓갈쌈장에 쓰는 생멸 치젓은 많이 삭힌 것보다 멸치의 형태가 보이는 것이 좋고 검은색을 띄 는 것보다 분홍색이 비치는 것이 덜 짜다. 곰피는 추운 겨울(1, 2월)에 나는 계절식품으로 1월에 처음 나는 곰피가 잎이 연하고 부드럽다.

호박잎 찌기

1 호박잎 줄기의 맨 끝을 꺾어가며 줄기의 껍질과 호박잎 뒷면의 가는 심
 줄을 벗겨낸 다음, 물에 씻어 물기를 탁탁 털어낸다.

2 채반을 올려놓은 냄비에 물 2컵을 붓고 끓인다.

3 물이 끓어오르면 호박잎을 채반에 얹고 냄비 뚜껑을 덮는다. 불은 센
 불에 그대로 둔다.

4 호박잎을 얹은 지 6분이 되면 불을 끈 뒤, 호박잎을 꺼내 넓은 접시에
 펼쳐 식힌다.

1 호박잎쌈에 쓰는 호박잎은 조선호박잎이라야 한다. 맷돌호박잎이나 마
 디호박잎은 호박잎을 쪄도 고소한 맛이 없고 잎이 질기다.

2 시든 호박잎은 물에 1분간 넣었었다가 빼내면 줄기가 잘 꺾여 흰 막을
 벗기기 수월하다.

3 호박잎은 알맞게 쪄내야 담백하고 고소한 맛이 난다. 호박잎 20장을 기

준하여 센 불에 6분간 찌면 알맞게 쪄진다.

4 호박잎을 찌지 않고 끓는 물에 데치면 영양분이 빠져 호박잎을 쪘을 때 와 같은 맛이 나지 않는다.

5 잘 쪄낸 호박잎에 보리밥과 고등어를 얹어 쌈을 싸면 더위에 잃었던 입 맛이 돌아 올 정도로 좋다. 호박잎은 대표적인 토속식품 중 하나로 비 타민과 섬유질이 풍부하게 들어있고 칼로리가 낮은 것이 특징이다.

호박잎은 알맞게 쪄내야 담백하고
고소한 맛이 난다.

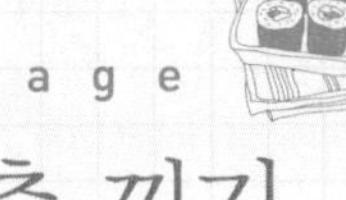

양배추 찌기

1 양배추를 4등분 한 후, 배춧잎이 잘 떼어지도록 밑동을 도려낸다. 잎을 하나하나 떼어 내고 찬물에 씻는다. 4등분을 한 상태에서 그대로 찌면 속이 잘 익지 않는다.

2 물(1.5컵)이 팔팔 끓어오르면 배춧잎의 물기를 탁탁 털어 내고 배춧잎을 채반에 올린다.

3 양배추는 센 불에 3분30초 동안 찌면 알맞게 쪄진다.

4 양배추는 그보다 더 찌면 단맛이 빠지고 물러져 식감이 떨어진다. 양배추가 덜 쪄졌다는 생각이 들 때 불을 끄고 1분간 뜸을 드리면 딱 맞게 쪄진다.

5 양배추는 겨울철에 당도가 가장 높다. 겨울에는 된장쌈장을 만들어, 쪄낸 양배추를 쌈장에 찍어 먹어도 되고, 쌈을 싸서 먹어도 된다.

6 양배추는 납작한 것이 좋다. 속이 꽉 차고 단단한 양배추보다 속이 덜 차고 쿨렁거리는 양배추가 당도가 높다.

장 담기

1 장을 담기 3일전에 메주를 솔로 깨끗이 씻어 2일간 그늘에서 물기를 완전히 말리고, 항아리는 깨끗하게 씻어 마른행주로 닦아둔다. 숯, 대추는 된장을 담기 전날 물에 씻어 말리고 건고추는 마른 행주로 깨끗하게 닦아 놓는다.

2 중부지방에서 담는 정월장(음력1월 중순)을 기준으로 물 20 ℓ 에 소금 5kg을 풀어 5시간 동안 녹인다. 소금이 풀어지도록 중간에 세 네 번 주걱으로 저어준다.

3 메주를 항아리에 먼저 담아놓은 다음, 면포를 깔은 체를 항아리 위에 받쳐 놓고 소금물을 내린다. 메주(3장)를 항아리에 넣을 때는 햇볕이 잘 들게 한 장은 밑에 깔고 두 장은 세워놓는다.

4 숯(3), 건고추(5), 마른 대추(5)를 넣고 햇빛이 잘 비치는 유리뚜껑으로 덮는다.

5 장을 뜨기 10일전쯤에 찔레꽃 모양의 하얗고 작은 꼬까지가 군데군데

재료	
메주	1말, 6kg
천일염	5kg
숯	
대추	5개
건고추	5개
생수	20 ℓ
메주가루	1kg
(된장을 담을 때)	

 **시아버지의 잔소리**

1 국내산 토종콩을 가마솥에 은근한 불로 삶아 만든 메주를 처마 끝에 말려 알맞게 띄운 메주이어야 장맛이 난다. 이런 메주라야 찔레꽃이 핀다. 메주를 너무 띄우면 메주가운데가 검정색이 나면서 물러진다. 그렇게 되면 간장 맛은 좋으나 된장 맛은 떨어진다. 갈라진 틈새로 곰팡이가 하얗게 핀 것이 보일 정도면 좋다. 연한 색보다 짙은 색이 나는 메주가 잘 삶아진 메주다.

2 부드러운 솔을 물에 묻혀 씻어준 다음, 물에 담그지 않고 흐르는 물에 손으로 가볍게 한번 씻어 말린다. 메주를 오랫동안 씻거나 물에 담그면 메주가 갈라질 우려가 있다.

3 장을 담을 때 중요한 것은 물과 소금의 비율이다. 2~3월 평균기온이 중부지방에 비하여 높은 지방에서는 소금을 기준양보다 더 넣어주면 된다. 소금을 적게 넣으면 메주가 가라앉아 숙성자체가 되지 않거나 숙성이 되더라도 된장이 시다. 반대로 소금을 많이 넣으면 더 넣은 만큼 간장과 된장이 짜진다.

4 천일염은 1년 이상 간수를 뺀 소금이어야 한다.

5 소금을 알맞게 풀었는지는 4~5일만 지나도 알 수 있다. 염도가 낮으면 메주가 수면 아래로 서서히 가라앉는 기미가 보인다. 이럴 때에는 1 l

의 소금물을 항아리에서 퍼내고 소금 1컵을 풀어 항아리에 다시 부어주면 메주가 수면 위로 다시 떠오른다. 따라서 장을 담고 난 후 1주일 동안은 매일매일 메주가 가라앉는지 상태를 확인할 필요가 있다. 메주가 가라앉기 시작하면 장물이 탁해지기 시작한다. 장을 담은 지 10일 이내에는 언제든, 얼마든 염도 조절이 가능하다. 10일 동안 메주가 떠있으면 그 이후에는 메주가 가라앉지 않는다.

6 메주가 수면 위로 떠오르더라도 메주를 그대로 놔 두어야한다. 메주를 건드리면 메주가 갈라지고 부서지고 메주가 갈라지면 콩의 단물이 빠져 된장의 맛이 떨어진다. 메주를 발로 밟지 않고 손으로 두드려 만들었거나 덜 말린 메주가 가끔 갈라진다. 메주가 갈라질 우려가 있으면 장을 담기 전에 끈으로 단단히 동여매 주어야한다.

7 장은 음력 정월 중순부터 삼월 중순까지 담을 수 있으나 예전부터 정월장이 대세다. 예전에는 우수가 지난 말날(午)이나 닭날(酉)에 많이 담아 왔으나, 요즈음은 우수가 지나면 뱀날(巳)을 제외하고 햇볕 좋은날이면 아무 날이나 담는다. 정월장은 이월장이나 삼월장에 비하여 소금을 적게 넣어 염도를 낮출 수 있다.

된장 담기

1 정월장의 경우 된장을 뜨는 시기는 그 해의 2~3월 기온에 따라 차이가 있으나, 장을 담근 날로부터 45일 뒤라고 보면 된다. 장이 완전하게 익으면 장맛이 나고 장물의 색깔이 진해진다. 나무젓가락으로 메주를 찔러 무리 없이 젓가락이 들어가면 장이 다 된 것이다. 장을 숙성시키는 동안 평년보다 기온이 높은 해는 장 뜨는 시기를 1~3일 앞당겨야하고, 낮은 해는 그보다 1~3일 늦추어야 한다. 장을 늦게 뜨면 간장의 맛은 좋아지나 콩의 단물이 빠져 된장의 맛은 그만큼 떨어진다.

2 메주를 조심스럽게 건져내고, 장물은 큰 용기에 옮겨 담는다. 덜 말린 메주는 건져낼 때 메주가 부셔질 수 있다. 이럴 때는 체에 밭쳐 내면 된다. 시작할 때 20ℓ의 소금물은 15ℓ의 장물로 줄어들어 있을 것이다.

3 된장을 담을 때 메주가루를 섞어야 된장의 맛이 좋아지고 된장의 염도가 낮아진다. 메주 한말에 메주가루 1kg가 적당하다. 그 이상 넣으면 장에서 떫은맛이 난다. 된장에 넣을 메주가루는 곱게 빻지 말아야한다.

4 메주가루 이외에 콩이나 보리쌀을 푹 삶아 섞으면 된장의 염도가 낮아지고 된장의 양이 그 만큼 늘어나게 된다. 하지만 된장의 맛은 메주가루를 섞었을 때와 같이 진하지 않다.

5 메주가루는 3시간 전에 장물 2ℓ에 미리 불려놓는다. 장물 3ℓ을 부어가며 뭉쳐진 메주덩어리를 손으로 하나하나 풀어준다.

6 장물에 불린 메주가루를 다 붓고 고르게 섞어 된장의 농도를 맞춘다. 된장의 농도를 맞출 때는 묽게 하는 편이 낫다. 숙성하는 과정에서 수분이 줄어든다.

7 메주가루(1kg)를 집어넣을 때는 된장의 염도에 따라 1/3컵 이내의 소금으로 간을 조절한다.

8 된장을 담글 때는 된장에 물기가 들어가지 않도록 주의를 하여야 한다. 항아리는 마른행주로 닦아야하고 장을 담는 그릇에는 작은 물기라도 있는 지를 확인하여야한다. 된장에 물기가 들어가면 꼬까지가 생길 수 있다.

9 된장을 항아리에 담을 때는 항아리를 흔들거나 손으로 된장을 눌러가며 담는다. 다 담고 나면 된장 위에 비닐을 두 겹으로 펴고 그 위에 소금 600g를 얹어 얇게 펴준다. 가장자리는 된장이 숨을 쉴 수 있도록 꼭 틀어막지 않는다. 항아리입구를 행주로 깨끗하게 닦아주고 유리뚜껑을 덮은 다음, 햇볕이 잘 드는 밖으로 옮긴다.

10 6월 중순이 되면 유리뚜껑을 벗겨내고 항아리뚜껑으로 바꿔 덮는다. 햇볕을 쪼이는 기간이 길어지면 된장의 수분이 줄어들어 짜진다. 항아리뚜껑에 틈이 생기면 파리가 들어갈 수 있어 항아

리 입구를 소창으로 뒤 짚어 씌우고 항아리뚜껑을 덮든가 유리
뚜껑 위에 그대로 항아리뚜껑을 덮는다.

11 9월이 되면 된장의 떫은맛이 가셔지고 된장의 맛이 제대로 나기
시작한다. 9월말부터는 된장을 퍼내도 된다. 된장을 퍼낸 뒤에
는 퍼낸 자국에 공기가 들어가지 않도록 꼭꼭 눌러준다. 비닐 위
에 얹은 소금은 그대로 둔다.

집간장 만들기

된장을 담고 남은 장물은 끓여 집간장을 만든다.

1 된장에 넣고 남은 장물(10ℓ)을 체에 밭쳐 들통에 담고 센 불로 끓
인다. 팔팔 끓기 전에 올라오는 거품은 주걱으로 건져 낸다.

2 거품을 다 건져내고 나면 뚜껑을 덮고 불을 중간으로 줄여 30분
간 끓인다.

3 끓인 간장은 6시간 뒤 항아리에 담거나 팻트병에 담아 실온에 3
개월간 숙성을 시킨다. 숙성이 완전하게 되기 전에는 소금 맛이
강하여 짠맛이 느껴진다.

4 끓인 간장을 항아리에 담아 보관할 때는 유리뚜껑이 아닌 항아리
뚜껑으로 덮는다. 햇볕을 더 쪼이면 간장이 졸아들어 짜지기 때문
이다.

찹쌀고추장 담기

1 엿기름을 미지근한 물 18 *l* 에 담그고 2시간 불린 후 엿기름이 빠지도록 주물러준다. 체에 천을 깔고 엿기름물을 내린다.

2 내린 엿기름물(약 16 *l*)에 찹쌀가루를 넣고 섞어준 다음, 3시간 정도 삭힌 뒤에 끓인다. 한 들통에 다 들어가지 않으면 작은 들통에 나눈다. 끓기 전에는 가라앉은 찹쌀가루 앙금을 주걱으로 저어 주어야한다.

재료	
메주가루	1kg
고춧가루	3kg
찹쌀가루	1kg
엿기름	3kg
흰 물엿	1ℓ
천일염	1kg
다진 마늘	2.5컵

3 물이 끓어오르면 회색거품을 거름망으로 건져내고 뚜껑을 열어놓은 상태에서 중간 중간 주걱으로 저어주며 2시간 반 정도 달인다. 불은 중간보다 세게 한다. 물이 일단 끓으면 앙금이 쉽게 가라앉지 않는다.

4 찹쌀죽의 색깔이 진해지고 1/4 정도가 줄어들면 다 달여진 것이다. 준비한 물엿을 넣고 물엿이 고루 퍼지도록 거품기로 저어주며 한 번 더 끓인 다음, 큰 그릇에 옮겨 담는다. 약 11 *l* 가 된다.

5 간난아이 목욕물 뜨겁기로 찹쌀죽을 식힌 후 메주가루를 넣고 거품기로 고루 섞는다. 메주가루를 집어넣기 전에 농도 조절에 쓸 찹쌀죽 0.5

1ℓ 를 다른 작은 그릇에 덜어낸다.

6 다진 마늘과 고춧가루는 열기가 식은 후 미지근한 상태에서 순차적으로 2~3차례 나누어 넣고, 고춧가루 덩어리가 풀어질 때까지 거품기로 계속 저어준다. 농도가 되면 미리 덜어낸 찹쌀죽을 넣어 고추장의 농도를 맞춘다.

7 농도를 맞추고 나면 소금으로 간을 하고 간이 퍼지도록 고르게 저어준다.

8 버무린 고추장(약 13kg)은 작은 항아리에 담아, 항아리 뚜껑을 덮어주고 햇볕이 반쯤 드는 서늘한 곳에서 1개월간 익혔다가, 강한 추위가 지나면 고추장 위에 마른 김 3장을 얹은 후, 유리뚜껑으로 바꿔 덮고 숙성시킨다. 2월 중순에 밖에 옮겨 2개월 동안 햇볕을 쪼여준다. 더 이상 두면 고추장이 마르므로 항아리 뚜껑으로 바꿔 덮어 두었다가 고추장이 다 익으면 5월 초순에 김치통에 담아 김치냉장고에 넣는다. 고추장이 짜지 않아 더 이상 두면 꼬까지가 필 수 있다.

9 고추장을 담았던 항아리는 물을 가득 넣고 뚜껑을 열어놓은 상태로 보름간 항아리를 우려낸다. 고추장에 마늘을 넣었기 때문에 항아리뚜껑을 덮으면 심한 악취가 난다.

1 고추장에 넣는 메주가루와 고춧가루는 곱게 빤 것이라야 한다.

2 찹쌀가루는 엿기름물에 풀어 3시간정도 삭힌 뒤에 끓여야한다.

3 고추장을 담고 나면 숙성을 시키기 전에 한 달간 익혀야하는데 , 옛날
에는 겨울에 딱히 익힐 장소가 없어 봄에 고추장을 더 많이 담았다. 그
러다보니 더위에 숙성을 시켜야하고 더위에 숙성을 하다 보니 숙성이
빨리되어 깊은 맛이 떨어졌다. 이런 이유로 요즈음은 겨울 고추장(11월
하순부터 12월 중순)이 대세다.

4 고추장맛은 엿기름에 달려 있고 엿기름의 원하는 당도를 내려면 겉보
리를 싹틔워 영하의 날씨에 얼말려야 비로소 가능하다. 얼말린 엿기름
으로 3시간 이상 끓이면 물엿을 넣지 않아도 단맛은 부족함이 없을 정
도가 된다.

5 고추장에 넣는 엿기름은 식혜와 달리 앙금을 가라앉히지 않고 체에 밭
쳐 내린 물을 그대로 다 쓴다.

6 엿기름은 3시간 이상 오래 달여야한다. 물엿은 엿기름을 다 달여졌을 때
마지막에 넣고 휘 저어 준 다음, 불을 내린다. 물엿은 고추장의 단맛을
높이기도 하지만, 메주가루와 고춧가루가 잘 어우러지게 한다. 엿기름이
단맛을 상당히 지니고 있기 때문에 물엿은 1 l 범위 내에서 넣는다.

7 고추장은 찹쌀가루, 엿기름, 메주가루, 고춧가루의 배합비율을 잘 맞
추어야한다. 찹쌀가루를 많이 넣으면 고추장색깔이 연해지고 찹쌀죽이
된다. 찹쌀가루는 메주가루와 같은 양을 넣으면 적당하고, 고춧가루는
메주가루와 찹쌀가루를 합친 양의 1.5배가 적당하다.

8 재료의 양을 기준하여 집어넣을 물의 양을 처음부터 알맞게 잡는 것이
중요하다. 고추장은 된장과 달리 숙성이 되면서 수분이 점차 줄어들기

때문에 처음에는 묽게 담는 편이 낫다.

9 메주가루는 찹쌀죽이 따끈따끈 할 때 집어넣어야 쿵쿵한 메주냄새가 나지 않는다. 마늘과 고춧가루는 찹쌀죽이 미지근한 상태에서 넣어야 고추장이 맛이 있다.

10 고추장은 짭짤하게 간을 하여야한다. 메주가루에 간이 다 배면 싱거워진다. 싱겁게 담으면 여름에 꼬까지가 피고 부글부글 끓어오를 수 있다.

11 장을 담을 때와 같이 고추장을 담을 때에도 간수를 뺀 천일염을 써야 하고, 이때는 굵은 소금을 곱게 빻아야한다. 천일염에는 독극물(핵비소)이 미량 들어 있으나 간수를 빼면 상당부분 제거되고, 고추장이 햇볕을 받아 숙성이 되면 완전히 없어지므로, 당연히 천일염이 좋다. 불순물을 제거한 정제염이나 재제염(꽃소금)은 우리 몸에 유익한 미네랄까지 제거시키고 순수나트륨만을 축출한 것이어서 장을 담는 데는 적합한 소금이 아니다.

12 마늘을 넣으면 고추장이 매콤하면서 개운한 맛이 있다. 그렇다고 마늘을 많이 넣으면 누린내가 나므로 메주가루를 기준하여 절반을 넣는다.

13 고추장은 발효식품이므로 숙성을 잘 시켜야 맛이 있다. 고추장이 다 익으면 5월 초순에는 김치냉장고에 옮겨주어야 한다. 간이 짜지 않으므로 밖에 계속 놔두면 꼬까지가 필 염려가 있고, 상단에 생긴 막을 오래두면 두터워진다.

14 햇볕을 쪼이기 직전에 마른 김 4장을 고추장 위에 두 겹 얹으면 고추장이 덜 마르고 고추장막이 두터워지는 것을 막을 수 있다.

맛간장

1 대파는 뿌리 채로 깨끗하게 씻고 파란 줄기 부분은 잘라낸다. 양파는 물에 깨끗이 씻은 뒤, 뿌리는 자르고 껍질은 벗기지 않은 채로 4등분한다. 물 5 *l* 에 다시마와 대파 등 야채를 큰 냄비에 넣어 끓인다. 물이 끓으면 불을 중간으로 줄이고 15분 정도 지나 다시마를 건져낸다.

2 다시마를 건져낸 후 약한 불에 1시간 더 끓인 후, 야채가 더 우러나도록 8~10시간 동안 뚜껑을 덮은 채 식힌다.

3 체에 밭쳐 야채를 건져내고 두 손으로 야채에 남아 있는 국물을 남김없이 짜 내린다.

4 진간장 1병(1.8 *l*)을 붓고 10분간 끓여 맛간장을 만들어 식힌다.

5 만들어진 맛간장(4 *l*)은 병에 담아 냉장 보관한다. 이 책의 거의 모든 요리에 맛간장이 들어가므로, 맛간장부터 만들어놓고 이 책의 요리를 만든다.

재료	
진간장	1.8 ℓ
알마늘	20개
대파	4뿌리
건표고버섯	50g
양파	800g
다시마	2쪽

1 인공조미료나 설탕을 사용하지 않고 음식의 맛을 내려면, 맛간장을 직접 만들어 쓰는 것이 유일한 방법이다.

2 맛간장을 만드는데 쓰는 진간장은 염도와 당도가 낮아야한다. (시중에 파는 간장 중에서 몽고간장이 염도가 낮은 편이고 그 중 '송품'이 단맛이 덜 나는 편이다) 맛간장의 염도는 조림을 할 때 물을 타지 않을 정도가 좋으므로, 진간장의 염도를 40%이하로 낮추는 것이 좋다. 진간장 1.8 l 로 맛간장 4 l 를 만들려면 물을 5 l 끓여야한다.

3 대파는 뿌리에서 단물이 나오므로 대파뿌리는 버리지 말고 다 써야 한다.

4 맛간장에는 양파를 많이 넣어야 단맛이 난다. 양파의 껍질에는 좋은 성분이 있어 주황색껍질을 다 벗겨내지 말고 물에 씻으면서 벗겨지는 한 꺼풀만 벗겨낸다.

5 맛간장의 맛은 표고버섯과 대파에서 상당부분 우러난다. 생 표고버섯을 여유 있게 썰어 말려 보관하여 두었다가 필요할 때 쓰면 경제적이다.

6 표고버섯은 한 시간이상을 끓여도 완전하게 우러나지 않는다. 다 끓이고 나서 8~10시간 정도 그대로 두면 야채의 진국이 더 우러나 맛간장이 한결 더 맛있어진다.

7 맛간장은 진간장에 비하여 2.5배 이상 염도가 낮아 졌기 때문에 냉장 보관하여야 상하지 않는다. 2개월 정도까지 보관이 가능하다.

천연조미료

1 멸치를 깨끗이 다듬어 후라이팬에 기름을 두르지 말고 약한 불에서 2~3분간 수분을 날려준다.

2 들깨는 껍질을 벗기지 말고 그대로 물에 씻어 거름망으로 잡티를 걸러낸 다음, 체에 밭쳐 물기를 뺀다. 들깨를 중불로 후라이팬에 7~8분간 볶는다.

3 어슷하게 썰어 말린 표고버섯을 물에 씻지 말고 중불에 3분간 후라이팬에 볶는다.

4 마른 새우는 약한 불에서 2분간 후라이팬에 볶아 수분을 날려준다.

5 손바닥크기의 다시마는 물에 씻지 말고 작은 크기로 부셔준 다음, 약한

재료	
국멸치	120g
들깨	1컵
표고버섯	80g
마른새우	30g
다시마	1쪽

불에 2~3분간 후라이팬에 볶는다.

6 위의 재료를 분쇄기에 함께 갈아 유리병에 담아 냉동 보관한다.

1 천연조미료에 들어가는 재료의 비중은 멸치 4, 표고버섯 4, 들깨 3, 새우 2, 다시마 1이 되도록 한다.

2 멸치는 국멸치를 쓰고 내장은 빼내고 머리는 잘라낸다.

3 표고버섯은 맛간장을 만들 때와 같이 썰어 말린 것이 좋다.

4 모든 재료를 볶아 수분을 날렸어도 천연조미료는 냉동 보관하여야 안전하다.

5 천연조미료에는 멸치가 상당부분 들어있어, 멸치를 넣어 음식의 맛을 내는 된장찌개, 김치찌개, 배춧국, 아욱국, 생선조림, 닭볶음탕에 주로 넣고, 나물 중에서는 멸치를 넣어 구수한 맛을 내는 시래기나물 등에 넣으면 좋다.

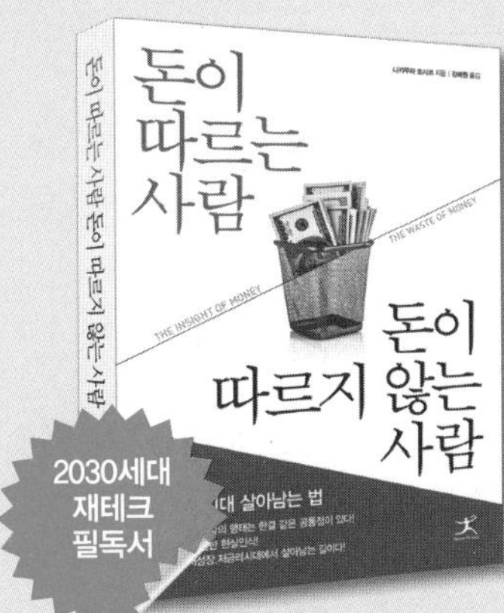

돈이 따르는 사람의 행태는 확연히 다르다!

**저금리 저성장시대에
살아남기 위한 필독서**

돈이 따르는 사람
돈이 따르지 않는 사람

나카무라 요시코 지음 | 284쪽
신국판 | 14,500원

- 돈이 따르는 사람과 돈이 따르지 않는 사람의 행태를 재미있는 일러스트레이션을 통해 극명하게 비교대조함으로써, 자신이 어느 쪽으로 나가가야 하는지 스스로 알 수 있다.
- 저축, 보험, 주식 등 각종 금융상품을 일별하여 일목요연하게 그 특징을 설명하고 있다. 한국의 미래상이라 할 수 있는 저성장, 저금리, 디플레이션 시대에서 살아남는 법을 알 수 있다.

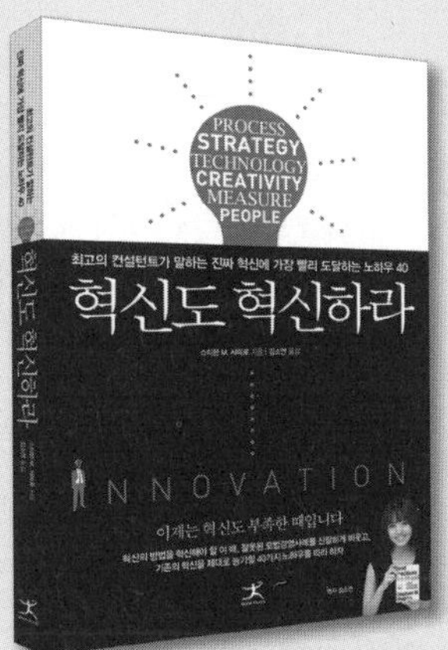

창조를 위해 어떻게 혁신할 것인가

**이 시대 최고의 컨설턴트가 말하는
혁신에 가장 빨리 도달하는 노하우**

혁신도 혁신하라

스티븐 M. 샤피로 지음 | 261쪽
신국판 | 13,800원

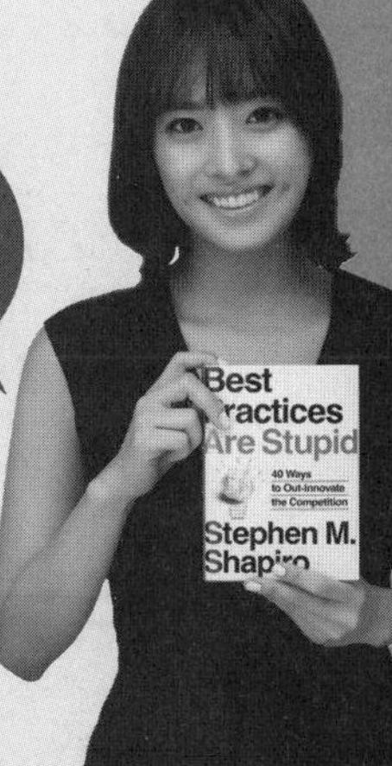

이제는 혁신도 부족한 때입니다. 혁신의 방법을 혁신해야 할 이 때, 잘못된 모범경영사례를 신랄하게 비웃고, 기존의 혁신을 제대로 능가할 40가지 노하우를 따라하자.

시어머니가
며느리에게 일러준
착한요리

출간일 초판 1쇄 2013년 9월 21일
출간일 초판 2쇄 2013년 11월 13일

지은이 조용옥

출판사 도서출판 북플라자
주소 서울 강남구 청담동 학동로97길 31
전화 070 7433 7637
팩스 02 6280 7635
메일 book.plaza@hanmail.net

ISBN 978-89-967919-4-2   13590

북플라자(Book Plaza)는 쉽고 효과적인 실용서적 및 세상을 밝게 할 자기계발서를 늘 준비 중입니다. 독자 여러분의 책에 관한 아이디어와 원고 투고를 열린 마음으로 기다리고 있습니다. 요리책이어도 좋고, 소설, 수필이어도 좋고, 만화책이어도 좋습니다. 책으로 엮고 싶은 아이디어가 있으신 분은 book.plaza@hanmail.net 로 간단한 개요와 취지를 보내주세요. 인생은 항상 주저하지 않고 문을 두드리는 자에게 길이 열립니다.